大气科学前沿译丛

大气热力学导论

An Introduction to Atmospheric Thermodynamics

(Second Edition)

第二版

[美] 阿纳斯塔西奥斯 A. 措尼斯（Anastasios A. Tsonis） 著

魏晓琳 译

CAMBRIDGE

气象出版社
China Meteorological Press

图书在版编目(CIP)数据

大气热力学导论/(美)阿纳斯塔西奥斯·A. 措尼斯著;魏晓琳译著. --2 版. --北京:气象出版社,2020.3

书名原文:An Introduction to Atmospheric Thermodynamics Second Edition

ISBN 978-7-5029-7103-8

Ⅰ.①大… Ⅱ.①阿… ②魏… Ⅲ.①大气科学-热力学 Ⅳ.①P433

中国版本图书馆 CIP 数据核字(2020)第 043519 号

北京版权局著作权合同登记:图字 01-2020-0208 号

Daqi Relixue Daolun(Di'erban)
大气热力学导论(第二版)

出版发行:气象出版社

地　　址:北京市海淀区中关村南大街 46 号　邮政编码:100081

电　　话:010-68407112(总编室)　010-68408042(发行部)

网　　址:http://www.qxcbs.com　　E-mail:qxcbs@cma.gov.cn

责任编辑:黄红丽　张硕杰　　　　　终　　审:吴晓鹏

特邀编辑:周黎明　　　　　　　　　责任技编:赵相宁

责任校对:王丽梅

封面设计:楠竹文化

印　　刷:三河市君旺印务有限公司

开　　本:710 mm×1000 mm　1/16　　印　　张:9.5

字　　数:200 千字

版　　次:2020 年 3 月第 1 版　　　　印　　次:2020 年 3 月第 1 次印刷

定　　价:65.00 元

本书如存在文字不清、漏印以及缺页、倒页、脱页等,请与本社发行部联系调换。

《大气热力学导论》(第二版)内容简介及作者简介

内容简介

该书内容完整,简洁且严谨地向读者介绍了大气热力学的基础知识。新版本选取了最新的资料,并重新组织使得质量和编排均有提升。前两章节给出了大气热力学的基本概念和有用的数学、物理说明以帮助读者了解基础知识,随后本书描述了与大气过程有关的主题,包括湿空气的特性和大气稳定度等,书中还概述了有关天气预报的一些问题及其与热力学的关系。每个章节均包含了权威的例子和学生练习题来补充和完善理论知识。

著者简介

阿纳斯塔西奥斯 A. 措尼斯(Anastasios A. Tsonis)是威斯康星大学密尔沃基分校数学科学系教授,他主要的研究兴趣包括非线性动力学系统及其在气候、气候变率、可预测性和非线性时间序列分析中的应用,他是美国地球物理学联合会以及欧洲地球科学联合会的成员。

译者简介

魏晓琳,中山大学气象学博士,香港理工大学、美国风暴预测分析中心、美国国家大气研究中心访问学者,现任深圳市气象局气象预警预报处高级工程师,长期从事数值天气预报研究和天气预报预警业务工作。

译者前言

大气热力学对预测天气的变化至关重要,在云和降水的形成过程中,大量的热量与环境交换,在许多不同的空间尺度上影响着大气,是大气科学基础理论中重要的一环。如原著者所说:"虽然已经有关于大气热力学的优秀教材,但内容要么过于精简,仅作为大气科学教材中的一个章节;要么过于复杂,难以在一个学期内完成教学",国内的大气热力学教科书同样存在类似的问题。因此我翻译这本书主要有两方面原因,一方面是国外在大气科学方面有很多优秀的教材,通过对国外教科书的引进,可以提供良好的助益和借鉴,且这本教材因其自成一体,内容较为详尽,可以为大气科学的本科生或者气象行业的专业人员提供大气热力学的工具书;另一方面,本书的内容阐述很注意与实际大气过程的联系和物理意义的讨论,且每章后都附有例题和习题,需要采取合理的假设、活用所学的知识解答,这对培养业务应用的思路是有好处的。

由于时间仓促,水平有限,翻译中的不当之处欢迎批评指正。

魏晓琳
深圳市气象局
2019 年 10 月

原版前言

本书旨在提供大气热力学的一学期本科生课程。写此书的想法在我的脑海里已经有一段时间了,主要原因很简单,还没有类似的大气热力学教材。请不要误会,关于这方面主题的优秀教材确实存在,在写这本书的过程中我受到了很好的影响和指引。然而,在过去大气热力学或者作为大学水平及研究生水平的部分内容(大气物理学教材的一部分)或者过于复杂(使其难以在一学期内完成)。由这点出发,我的想法是写一本自成一体的,篇幅不长,但是能够非常精确地提供大气热力学的基础知识,使本科生为下一阶段的学习做好准备。既然大气热力学已经是经典的教学内容,那么本书的原创性在于阐述这些知识的简明和有效。前 2 章提供了基本概念和一些贯穿全书的有用的数学物理知识;接下来的 3 章介绍了经典的热力学问题,如基本气体定律和热力学第一、第二定律;第 6 章介绍了水的热力学;第 7 章详细讨论了湿空气的特性和在大气过程中的角色;第 8 章将讨论大气稳定度;在第 9 章介绍了大气热力图作为工具来图解大气中的热力学过程及预测雷暴的发展;第 10 章作为结尾,简要地讨论了热力学在天气预报问题中的应用。每个章节的最后附有带答案的例题,选取这些例题是为了对前面学习的理论知识的补充和对后面习题解答提供一些指引。

最后我想对 Gail Boviall 女士对本书的录入和 Donna Genzmer 绘制插图的工作表示由衷的感谢。

Anastasios A. Tsonis
密尔沃基

目　录

译者前言

原版前言

第1章　基本概念 ·· 1

第2章　一些有用的数学和物理概念 ····················· 4

　2.1　全微分 ·· 4

　2.2　热的动力学理论 ······································ 5

第3章　初步的试验和定律 ································· 9

　3.1　盖-吕萨克第一定律 ·································· 9

　3.2　盖-吕萨克第二定律 ································· 10

　3.3　绝对温度 ··· 10

　3.4　盖-吕萨克定律的另一种形式 ·················· 11

　3.5　玻意耳定律 ··· 12

　3.6　阿伏伽德罗假设 ····································· 12

　3.7　理想气体定律 ·· 12

　3.8　关于理想气体定律的一些讨论 ················ 14

　3.9　气体的混合-道尔顿定律 ························· 15

　例题 ·· 16

　习题 ·· 18

第4章　热力学第一定律 ··································· 20

　4.1　功 ·· 20

　4.2　能量的定义 ··· 22

　4.3　热量和做功的等价 ·································· 23

　4.4　热容量 ··· 24

　4.5　更多关于 U 和 T 的关系(焦耳定律) ············· 25

4.6　第一定律的结果 ·································· 28

例题 ··· 34

习题 ··· 40

第 5 章　热力学第二定律 ························· 42

5.1　卡诺循环 ··· 42

5.2　卡诺循环的意义 ································ 44

5.3　更多关于熵的内容 ····························· 48

5.4　第二定律的特殊形式 ·························· 50

5.5　结合第一定律和第二定律 ··················· 51

5.6　第二定律的一些结果 ·························· 52

例题 ··· 56

习题 ··· 59

第 6 章　水及其转换 ······························· 61

6.1　水的热力学特性 ································ 61

6.2　平衡相变——潜热 ····························· 64

6.3　克劳修斯-克拉珀龙方程(C-C)方程 ······ 65

6.4　C-C 方程的近似和影响 ····················· 67

例题 ··· 71

习题 ··· 73

第 7 章　湿空气 ····································· 75

7.1　湿空气的测量和描述 ·························· 75

7.2　大气中的过程 ··································· 79

7.3　其他有趣的过程 ································ 98

例题 ·· 102

习题 ·· 107

第 8 章　大气的垂直稳定度 ······················· 110

8.1　气块的运动方程 ································ 110

8.2　稳定度分析和条件 ····························· 112

8.3　其他影响稳定度的因子 ······················ 117

例题 ·· 118

习题 ·· 120

第 9 章　热力学图 ·· 122

9.1　面积等价转换的条件 ·· 122

9.2　热力学图的例子 ·· 124

9.3　$T\text{-}\ln p$ 图中的热力学变量的图形化表达 ················ 129

例题 ·· 132

习题 ·· 132

第 10 章　延伸内容 ·· 135

10.1　大气中的基本预测方程 ···································· 135

10.2　湿度 ·· 136

参考文献 ·· 137

附　录 ·· 138

第1章　基本概念

• 热力学的定义是研究进行各种能量转换的系统的平衡态。更确切地说,热力学关心的是热量向机械功转换以及机械功向热量转换的问题。

• 系统是物质的特定形式,在大气中一个空气块就是一个系统。当系统与外界存在物质和能量的交换时,称之为开放系统(图 1.1)。在大气中所有的系统或多或少都是开放的。封闭系统是不与外界交换物质的系统,在这种情况下,系统中一直由相同的质点组成(质点指非常小的物体,如分子)。显然,对封闭系统的数学处理与极其复杂、难以处理的开放系统是不同的,因此,在大气热力学中,假定大多数系统是封闭的,当与开放系统有关的相互作用可以忽略不计时,这种假定是合理的,在如下的情形下近似正确:(1)系统足够大,在边界上与外界的混合可忽略不计。例如,一个庞大的积雨云可以考虑为一个封闭系统,但一个小的积云则不能;(2)系统是一个更大的均一系统的一部分,在这种情况下混合不会显著地改变它的组成。当系统与外界既不交换物质也不交换能量则被称之为孤立系统。

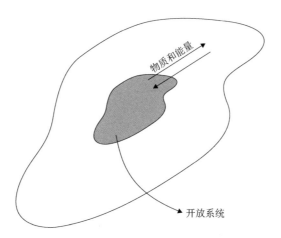

图 1.1　开放系统中物质和能量可以与外界环境交换,封闭系统与外界环境交换能量但不交换物质,孤立系统与外界环境既不交换物质也不交换能量

• 经典力学中,在给定时刻需要知道系统中每一个质点的位置和速度才能完全描述该系统的状态。因此,在三维世界中,对于一个具有 N 个质点的系统,在任意时刻需要知道 $6N$ 个变量。当 N 非常大时(如任一空气块),这种动力学的定义是不切实际的。因此,在热力学中,需要处理系统的平均属性。

如果系统是仅包含一种组分的均匀流体,那么它的热力学状态由其几何形状、

温度 T 和气压 p 来决定,系统的几何形状由它的体积 V 和形状决定,然而,大多数热力学性质与形状无关。因此,体积是用来表征几何形状所需要的唯一变量。既然 p、V、T 决定了系统的状态,它们必然是相互关联的。它们的函数关系 $f(p,V,T)=0$ 称为状态方程,这些变量中的任何一个均可由其他两个变量的函数来表示,因此一个单组分均匀系统的状态完全可以由三个状态变量中的任意两个变量定义,这将提供一种简单的方法,即通过在直角坐标系中画出 V 和 p 的关系来可视化地显示此类系统的演变,在该系统中,温度相等的状态定义为等温线。任何依赖于两个独立的状态变量决定的热力学变量称为状态函数,状态函数是因变量,状态变量是自变量,此外它们没有任何区别,这就是为什么在文献中状态变量和状态函数之间几乎没有区别。状态变量和状态函数具有如下属性,即它们的变化只取决于其初始状态和最终状态,与状态发生改变的特定的路径无关。如果系统是包含多个组分的均匀混合物,那么为了定义系统的状态,除了 p、V、T,还需要知道不同组分的浓度。如果系统是非均一的,必须将它分解为若干个均一的部分,在这种情况下,其中一个给定的均一部分的 p、V、T 通过状态方程联系在一起。

对于一个封闭系统来说,它的化学成分和质量描述了系统本身,它的体积、压力和温度描述了系统的状态。系统的属性如果依赖于系统的尺度则称之为广义变量,如果与系统的尺度无关,则称之为狭义变量。一个广义变量可以通过除以质量转换为狭义变量。在文献中一般来说使用大写字母来描述与质量有关的量(功 W,熵 S),用小写字母来描述狭义变量(比功 w,比热 q),质量 m 和温度 T 例外。

• 平衡态的定义是只要外界条件(环境)保持不变,系统的属性也保持不变的一种状态。例如,在定容容器中的气体如果气压保持恒定,且气温与周边相同,该气体就称为处于平衡态。平衡状态可以是稳定的、不稳定的和相对稳定的。平衡状态下的小扰动如不能使系统脱离平衡状态是稳定的,如果能则是不稳定的。平衡状态如在某些属性上出现小的变化时是稳定的,而在其他一些属性上出现小变化时不稳定,称为相对稳定。

• 转换过程是指系统由初始态 i 转换到最终态 f。在 (p,V) 图中这种转换可以由连接 i 和 f 的曲线 I 代表,以 $i \xrightarrow{I} f$ 来表示,转换过程可以是可逆的也可以是不可逆的。可逆过程是介于 i 和 f 之间的一系列连续的状态,这些状态与平衡态之间仅存在无限小的差别,因此可逆的过程只能连接位于平衡态的 i 和 f,可逆过程在转化的路径上任何位置都可以返回,且系统和外界环境均能回到初始态。实际上,可逆转换只有在外界条件变化非常缓慢使得系统有时间可以适应新的外界条件作调整的情况下才能实现。例如,假设系统是密封在有可移动活塞的容器中的气体,只要活塞从 i 移动到 f 的过程非常缓慢,系统可以不断调节,每个中间态都处于平衡态。如果活塞不是缓慢移动,在膨胀的气体中将出现气流,中间态将不是平衡的状态。从这个例子可以推出,大气中的湍流混合是不可逆性的一个来源。如果系统从

i 到 f 是可逆的,那么如果返回采取同样的步骤,则从 f 可以可逆的再回到 i。如果返回不能严格地采取相同的步骤,这种转换在 (p,V) 图中将用另一条曲线 I' 代表(如 $f \xrightarrow{I'} i$),I' 可能是可逆的,也可能不是。换句话说,系统能回到初始状态,但是外界环境可能不能。任何从 $i \to f \to i$ 的转换称之为循环转换。根据以上的讨论,循环转换可能是可逆的,也可能是不可逆的(图 1.2)。如果 I 是等温线,那么 $i \xrightarrow{I} f$ 转换称为等温转换;如果 I 是等容线,该转换称为等容转换;如果 I 是等压线,称为等压转换;如果在转换过程中,系统与外界环境不存在热量交换,则称为绝热转换。需要注意的是,绝热转换并不代表是等温的。

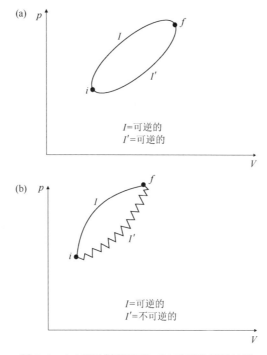

图 1.2 (a)可逆循环过程;(b)不可逆循环过程

• 能量有正式的定义(这里暂且不提),但是其概念却难以通过定义来理解,我们都以为能够理解能量的定义,但是当尝试去解释能量是什么的时候,仍然会感到困惑。下面思考一下,对于质量为 m_p,速度为 v,在均匀引力场 g 中运动的质点,牛顿第二定律的形式是 $\mathrm{d}(K+P)/\mathrm{d}t=0$,其中 $K=m_p v^2/2$,$P=m_p gz$,t 是时间,z 是高度,K 为动能,P 为势能,因此,质点的总能量 $E=K+P$ 是守恒的。如果考虑一个包含 N 个相互作用质点的、可能受外界作用(除重力外)的系统,那么系统的总能量是所有质点重心的动能(内部动能)、重心的动能以及由于质点相互作用而产生的势能(内部势能)和外力引起的势能之和。内部动能和内部势能之和称为系统内能 U,如果 $\mathrm{d}U/\mathrm{d}t=0$,系统是保守的,反之称为耗散的。本书中,仅考虑内能。

第 2 章　一些有用的数学和物理概念

2.1　全微分

如果 z 是变量 x 和 y 的函数,且符合式(2.1)的定义,则 $\mathrm{d}z$ 是全微分。

$$\mathrm{d}z = \left(\frac{\partial z}{\partial x}\right)_y \mathrm{d}x + \left(\frac{\partial z}{\partial y}\right)_x \mathrm{d}y \tag{2.1}$$

假设增量 δz 可以表示为式(2.2)的微分关系

$$\delta z = M\mathrm{d}x + N\mathrm{d}y \tag{2.2}$$

式中 x 和 y 是自变量,且 M 和 N 是 x 和 y 的函数。对式(2.2)积分可得

$$\int \delta z = \int M\mathrm{d}x + \int N\mathrm{d}y$$

因为 M 和 N 是 x 和 y 的函数,上述积分仅在 x 和 y 两个变量之间的函数关系存在 $f(x,y)=0$ 的情况下可积,这个关系定义了 (x,y) 域中的一条路径,沿着该条路径可积分,这被称为线积分,且它的结果完全依赖于 (x,y) 域中的这条路径。如果

$$M = \left(\frac{\partial z}{\partial x}\right)_y, \quad N = \left(\frac{\partial z}{\partial y}\right)_x \tag{2.3}$$

那么式(2.2)变换为

$$\delta z = \left(\frac{\partial z}{\partial x}\right)_y \mathrm{d}x + \left(\frac{\partial z}{\partial y}\right)_x \mathrm{d}y$$

上式的右侧为全微分 $\mathrm{d}z$,在这个情况下 δz 是全微分。如果对 δz 从初始态 i 到最终态 f 积分,将得到

$$\int_i^f \delta z = \int_i^f \mathrm{d}z = z(x_f, y_f) - z(x_i, y_i) \tag{2.4}$$

很明显,如果 δz 是全微分,那么它沿着 $i \to f$ 路径的净增量仅与 i 和 f 点的位置有关,并不依赖于从 i 到 f 的特定路径。在这个例子中,z 称为点函数,所有的三个状态变量均为全微分(如 $\delta p = \mathrm{d}p$,$\delta T = \mathrm{d}T$,$\delta V = \mathrm{d}V$),因此所有是任意两个状态变量的函数的量均为全微分。

如果最终态与初始态重合(如:通过循环过程返回到初始态),那么由式(2.4)可以得出:

$$\oint \delta z = 0 \tag{2.5}$$

式(2.5)说明如果 δz 沿着任何闭合的路径积分为 0,那么 δz 为全微分。在此必须弄

4

明白的是,当处理纯数学函数时,求 $\oint \delta z$ 的量并不依赖于闭合路径的方向,如:无论从 i 出发再回到 i 是通过 $i \xrightarrow{I} f \xrightarrow{I'} i$ 或是 $i \xrightarrow{I'} f \xrightarrow{I} i$(图 1.2)。当处理自然系统时,必须将条件 $\oint \delta z = 0$ 与可逆或不可逆过程联系在一起。如果能设法通过 $i \xrightarrow{I} f \xrightarrow{I'} i$ 的路径由 i 出发再回到 i,但是无法通过 $i \xrightarrow{I'} f \xrightarrow{I} i$ 返回(如当 I' 是不可逆转换时),那么 δz 的计算就与方向有关,它的值就不是唯一的。因此,对于物理系统来说,当 δz 是全微分时 $\oint \delta z = 0$ 仅适用于可逆过程。

注意到,既然

$$\frac{\partial}{\partial y}\frac{\partial z}{\partial x} = \frac{\partial^2 z}{\partial y \partial x} = \frac{\partial^2 z}{\partial x \partial y} = \frac{\partial}{\partial x}\frac{\partial z}{\partial y}$$

可见 δz 为全微分的等价条件是

$$\frac{\partial M}{\partial y} = \frac{\partial N}{\partial x} \tag{2.6}$$

式(2.3)—(2.6)是定义 z 为点函数以及 δz 为全微分的等价条件。如果一个热力学变量不是点函数或全微分,则它沿着路径的增量与路径有关。更进一步说,它沿着一个闭合路径的增量不为 0,这种变量是过程函数,对于过程函数热力学过程必须完全明确才能描述该变量。在本书中,全微分用 $\mathrm{d}z$ 表示,非全微分用 δz 表示。最后,需要注意的是,如果 δz 不是全微分并且只涉及到两个变量,可能存在一个积分因子 λ 使得 $\lambda \delta z$ 成为全微分。

2.2　热的动力学理论

下面考虑一个温度为 T、由 N 个质点(分子)组成的系统。根据热力学理论,这些分子沿直线在各个方向随机运动,这种运动称为布朗运动。由于布朗运动的完全随机性,质点的内能不仅互不相等,而且随时间变化。然而,如果计算平均内能,会发现它在时间上是恒定的。热力学理论认为,每个质点的平均内能 $\overline{U}$ 与系统的绝对温度成正比(绝对温度的正式定义将在后面给出,现在用 T 表示它)。

$$\overline{U} = 常数 \times T \tag{2.7}$$

暂时假设 $N=1$,那么该点只有 3 个热力学自由度,且等于需要完全描述该质点的能量的自变量数目(这与哈密顿动力学中自由度的定义不同,哈密顿动力学中定义的自由度是能描述质点在状态空间中位置的自变量的最少数目)。质点的速度 v 可以写成

$$v^2 = v_x^2 + v_y^2 + v_z^2$$

因为只假设了一个点,那么总的内能等于它的动能,因而

$$U = \frac{m_\mathrm{p} v^2}{2}$$

或者

$$U_x = \frac{m_p v_x^2}{2}, \quad U_y = \frac{m_p v_y^2}{2}, \quad U_z = \frac{m_p v_z^2}{2}$$

每个分量对应一个自由度。根据能量分布理论,质点的平均动能 $\overline{U}$ 在三个自由度上均匀分布,即 $\overline{U}_x = \overline{U}_y = \overline{U}_z$。因此,由式(2.7)可以写为

$$\overline{U}_i = AT, \quad i = x, y, z$$

式中常数 A 是一个普适常数(即它不依赖于自由度或气体的类型),该常数用 $k/2$ 表示,k 称为玻尔兹曼常数($k = 1.38 \times 10^{-23}$ J·K^{-1})(请查阅附录中表 A.1 来了解单位的说明)。因而,有三个自由度的质点的平均动能等于

$$\overline{U} = \frac{3kT}{2} \tag{2.8}$$

或

$$\overline{\frac{m_p v^2}{2}} = \frac{3kT}{2}$$

能量分布理论可以推广至 N 个点,在这种情况下,自由度是 $3N$ 且

$$\sum_{i=1}^{N} \overline{\frac{m_p v_i^2}{2}} = \frac{3NkT}{2}$$

或

$$\frac{1}{N} \sum_{i=1}^{N} \overline{\frac{m_p v_i^2}{2}} = \frac{3}{2} kT$$

或

$$\left\langle \overline{\frac{m_p v^2}{2}} \right\rangle = \frac{3}{2} kT \tag{2.9}$$

这里 $\left\langle \overline{\frac{m_p v^2}{2}} \right\rangle$ 是所有 N 个点的平均动能。需要注意的是,只有在这些点被视为单原子的情况下,上面的说法才是正确的。否则需要给出对应于其他运动(比如围绕重心的旋转,平衡位置附近的振荡等)的额外的自由度。

热力学理论在理想气体动力学中有许多应用,理想气体是适用于如下条件的气体:

(1)分子在所有的方向随机运动,因此在任意方向都有相同数量的分子运动。

(2)在运动过程中,分子之间不施加力,除非它们相互碰撞或与容器壁碰撞。因此,每个分子在两次碰撞之间的运动是线性和匀速的。

(3)分子间的碰撞被视为是弹性的,这是必要的,否则通过每一次碰撞,分子的动能将减少,从而导致温度下降。同时,碰撞也遵循镜面反射定律(入射角等于反射角)。

(4)与容器的体积相比,分子的体积之和可以忽略不计。

现在考虑一个质量为 m_p 的分子,它的速度是 v,并且沿着垂直于墙的方向运动(图 2.1),分子的动量 $P = m_p v$。既然认为碰撞是弹性的并且是镜面反射的,碰撞后动能的大小为 $-m_p v$,所以动量总的变化是 $m_p v - (-m_p v) = 2m_p v$。根据牛顿第二定律,$F = dP/dt$。如果考虑体积 V 空间内的 N 个分子,可以通过将一个分子的动量变化量($2m_p v$)乘以撞击墙上给定面积 S 的分子的数量 dN,来计算出在 dt 时间间隔内所有分子的动量变化 dP,如:

$$dP = 2m_p v dN \tag{2.10}$$

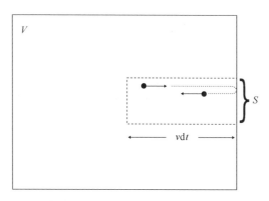

图 2.1 一个质量为 m_p 的分子以速度 v 运动撞击表面 S。
如果撞击是弹性的和镜面反射的,那么动量的变化是 $2m_p v$

注意这里假设所有的分子都具有相同的速度。在 dt 时间内,撞击面积 S 的分子数量 dN 等于向右移动的,包含在以 S 为底,长度为 $v dt$ 的盒子内的分子数量。既然运动是完全随机的,假设 1/6 的分子将会向右移动,1/6 向左移动,4/6 将会沿着另外两个坐标方向移动。既然盒子的体积是 $Svdt$,单位体积的分子数是 N/V,那么盒子中的分子数将是

$$\frac{N}{V} Svdt$$

因此,向右移动并撞击墙壁 S 的分子数为

$$dN = \frac{N}{6V} Svdt \tag{2.11}$$

由式(2.10)和(2.11)可得

$$dP = 2m_p v^2 \frac{N}{6V} S dt$$

结合气压 p(气压=力/面积)的定义和牛顿第二定律可得

$$p = \frac{1}{3} \frac{N}{V} m_p v^2$$

上式是通过假设所有的分子是以相同的速度运动而得出的。但这一假设并不真实,

因此上式中 $m_p v^2$ 应该由所有点的平均值 $\langle \overline{m_p v^2} \rangle$ 替换,得出

$$p = \frac{1}{3} \frac{N}{V} \langle \overline{m_p v^2} \rangle \tag{2.12}$$

结合式(2.9)和(2.12),可以得出包含所有三个状态变量的方程:

$$pV = NkT \tag{2.13}$$

式(2.13)给出了状态方程 $f(p, V, T)$ 的函数关系,因此被称为理想气体定律,更多的细节将在下一章给出。

第 3 章   初步的试验和定律

在第 2 章的最后,从理论上推导了状态方程或理想气体定律,这个定律最初是通过实验推导出来的。相关实验对理想气体的性质提供了许多有趣的见解,并证实了这一理论。因此,这样讨论一下是必要的。

3.1   盖-吕萨克第一定律

通过实验,盖-吕萨克给出,当气压是常数的时候,理想气体的体积增量 dV 与气温(摄氏温标)$\theta = 0$ ℃时的体积 V_0 成比例,与温度的增量 $d\theta$ 成比例

$$dV = \alpha V_0 d\theta \tag{3.1}$$

系数 α 被称为在等压条件下的体积膨胀系数,它的值对所有的气体都是 $1/273$ ℃$^{-1}$。通过式(3.1)求解 α,可以了解 α 的物理意义

$$\alpha = \frac{1}{d\theta} \frac{dV}{V_0}$$

由上式可得,如果保持气压恒定,将理想气体的温度增加 1 ℃,体积将增加在 0 ℃时气体体积的 $1/273$。通过对式(3.1)积分,可得 V 和 θ 的关系式

$$\int_{V_0}^{V} dV = \int_{0}^{\theta} \alpha V_0 d\theta$$

或

$$V - V_0 = \alpha V_0 \theta$$

或

$$V = V_0(1 + \alpha\theta) \tag{3.2}$$

如图 3.1 所示,这是个线性关系。

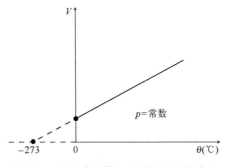

图 3.1   盖-吕萨克第一定律的图形化表达

3.2 盖-吕萨克第二定律

通过实验,盖-吕萨克还发现在等容的情况下,理想气体压力的增量 $\mathrm{d}p$ 与在 0 ℃时的气压 p_0 成正比,同时与气温的增量 $\mathrm{d}\theta$ 成正比:

$$\mathrm{d}p = \beta p_0 \mathrm{d}\theta$$

式中系数 β 是在等容情况下的压力热膨胀系数,对任何气体均为 1/273 ℃$^{-1}$

$$\beta = \frac{1}{\mathrm{d}\theta}\frac{\mathrm{d}p}{p_0}$$

上式显示气温增加 1 ℃(体积为常数)使气体的气压增加 0 ℃时气压的 1/273。

和第一定律一样,如图 3.2。

$$p = p_0(1+\beta\theta) \tag{3.3}$$

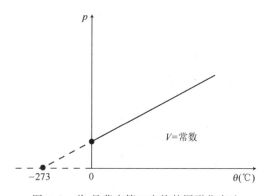

图 3.2　盖-吕萨克第二定律的图形化表达

应用

盖-吕萨克第二定律可以很容易地解释,为什么在冬天,给房子加热到温度比室外温度高得多,却没有增加足够的压力来打破窗户。室内和室外20 ℃的温差将室内压力增加7.3%,玻璃很容易承受这种压力变化。

3.3 绝对温度

由式(3.2)可得,如果取 $\theta = -273$ ℃,$V=0$,这意味着如果在保持气压恒定的情况下,冷却理想气体到 -273 ℃,体积将变为 0。类似地,由式(3.3)可得如果在体积保持恒定的情况下,能够冷却理想气体至 -273 ℃,气压将会变为 0。-273 ℃这个温度称之为绝对零度。到现在,对于温度的度量一直采用摄氏温标,它从温度"0 摄氏度"开始,如果把摄氏温标扩展到绝对零度(如 -273 ℃),那么在绝对零度测得的

温度称为绝对温度 T,这定义了一个新的温标,称为开尔文温标($T=273+\theta$)。

3.4　盖-吕萨克定律的另一种形式

采用绝对温度,可以给出盖-吕萨克定律如下,由图 3.3 可得三角形 ABC 和 $AB'C'$ 相似,因此盖-吕萨克第一定律可以表达为

$$当 p = 常数, \quad \frac{V}{V'} = \frac{T}{T'} \tag{3.4}$$

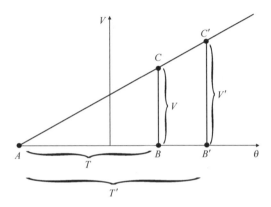

图 3.3　C 和 C' 状态的盖-吕萨克第一定律示意图

类似地,由图 3.4,盖-吕萨克第二定律可以表达为

$$当 V = 常数, \quad \frac{p}{p'} = \frac{T}{T'} \tag{3.5}$$

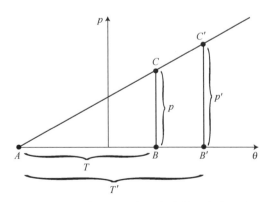

图 3.4　C 和 C' 状态的盖-吕萨克第二定律示意图

其含义为,等压条件下理想气体的体积和等容条件下的气压与绝对温度成正比。

3.5　玻意耳定律

当盖-吕萨克定律给出体积或压强的变化是随温度的函数时,玻意耳定律给出了等温条件下,气压的增量随体积变化,该定律可以表达如下

$$pV = p'V' \tag{3.6}$$

3.6　阿伏伽德罗假设

摩尔的正式定义是包含与 12 g ^{12}C 相同数量的粒子(原子、分子、离子或电子)的物质的量,其数量等于 $N = 6.022 \times 10^{23}$,称为阿伏伽德罗常数,是通过对重量为 12 g 的 1 mol 碳测量求得。一般来说,等于分子量的重量的物质含有 1 mol 该物质,因此 25 g 的水包含 27/18 = 1.5 mol 的水,1811 年意大利物理学家和数学家阿莫迪欧·阿伏伽德罗提出了假想,气体的体积 V 与气体的分子数 N' 成正比:

$$V = \alpha N'$$

式中 α 是常数,结合这个假想,简单地想象一下给气球充气,泵入的空气越多,体积就越大。因此,在恒定的温度和压力下,相同体积的气体包含相同数量的分子。对于 1 mol $N' = N$,因为 N 对于 1 mol 任何气体都是相同的,阿伏伽德罗假设(事实上现在是定律)能简单地表达成:在恒定的温度和气压下,1 mol 任何气体占有相同的体积,对于标准态 $T_0 = 0$ ℃,$p_0 = 1$ 个大气压,这个体积为(式(2.13))

$$\begin{aligned} V_{T_0, p_0} &= 22.4 \text{ L} \cdot \text{mol}^{-1} \\ &= 22400 \text{ cm}^3 \cdot \text{mol}^{-1} \end{aligned}$$

3.7　理想气体定律

考虑状态为 p, V, T 的理想气体,在等容的情况下加热至状态 p_1, V, T'(图 3.5),那么,根据盖-吕萨克第二定律

$$p_1 = p \frac{T'}{T}$$

如果紧接着保持温度恒定,增加体积到 V',气体将达到状态 $p'V'T'$,那么,根据玻意耳定律

$$p'V' = p_1 V$$

结合上述两个式子,可得

$$p'V' = p \frac{T'}{T} V$$

或

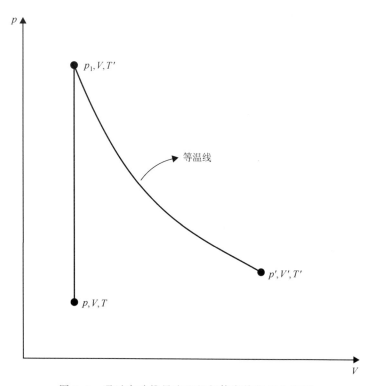

图 3.5　通过实验推导出理想气体定律的三个步骤

$$\frac{pV}{T} = \frac{p'V'}{T'} \tag{3.7}$$

这称为玻意耳-盖-吕萨克定律,它显示了如果改变气压、体积和温度,PV/T 的值维持常数,那么式(3.7)可以写为

$$pV = AT \tag{3.8}$$

根据式(3.7),A 是依赖于气体类型和质量的常数。依赖质量是源于:如果将质量加倍,并且保持压强和温度不变,那么体积就会加倍(阿伏伽德罗假设),因此 pV/T(如 A)的值也将会加倍,因此,可以写成 $A = mR$,其中 m 是气体的质量,R 是与质量无关但与气体类型有关的一个常数,这个常数叫做比气体常数,可以把式(3.8)写成

$$pV = mRT \tag{3.9}$$

因为 $m = Nm_p$(这里 N 是分子质量为 m_p 的分子总数),式(3.9)与式(2.13)相同有 $R = k/m_p$。 因此,现在式(3.9)是实验推出的状态方程或理想气体定律,式(3.9)可以写为 $p = \rho RT$,这里 $\rho = m/V$ 是质量密度,通过定义比容 $a = 1/\rho$,理想气体定律有如下形式

$$pa = RT$$

如果 M 指气体的分子量，那么摩尔数为 $n=m/M$，可得

$$pV = nMRT$$

或

$$pV = nR^* T \qquad (3.10)$$

或

$$pa = \frac{R^*}{M}T$$

式中 $R^* = MR$。因 $R = k/m_p$，可得 $R^* = Mk/m_p = mk/nm_p = Nk/n$，考虑到 1 个摩尔的分子数 N_A 等于 6.022×10^{23}（阿伏伽德罗常数），那么 $N = nN_A$。在这种情况下，$R^* = N_A k$，是两个常数的乘积，这个新常数被称为普适气体常数，它的值为 $8.3143\ \mathrm{J \cdot K^{-1} \cdot mol^{-1}}$。

3.8 关于理想气体定律的一些讨论

• 因为理想气体与 3 个变量有关(而非 2 个)，在解析逐个变量的变化时必须非常小心。例如，只有当体积(密度)增加(下降)，或者维持常数、或相对于气压仅下降(增加)一个更小的量时，温度随着气压上升而上升。考虑理想气体定律 $pV = mRT$ 或 $p = \rho RT$，对其微分：

$$p\,dV + V\,dp = mR\,dT$$
$$dp = RT\,d\rho + R\rho\,dT$$

可以很容易地看出，如果 $dp > 0$ 且 $dV \geqslant 0$，那么 $dT > 0$。而且，如果 $dp > 0$，$dV < 0$ 且 $|V\,dp| > |p\,dV|$，那么 $dT > 0$，以此类推。可推出只有在气压保持不变、或气压的变化不能抵消温度变化时，冷空气才比暖空气的密度更大。

类似地，如果考虑理想气体定律为如下形式

$$pa = \frac{R^*}{M}T$$

或

$$p = \rho \frac{R^*}{M}T$$

可以推断，在相同的压力和温度下，湿空气(其中分子量为 $28\ \mathrm{g \cdot mol^{-1}}$ 的干空气被分子量为 $18\ \mathrm{g \cdot mol^{-1}}$ 的水汽所替换)比干空气密度小。这就解释了美国棒球比赛中一些有趣的统计数据，当天气炎热潮湿时，会出现更多的本垒打。在更温暖和潮湿的环境中，当 $p =$ 常数，空气的密度更小，因此，球受到的阻力更小。对于一个 400 英尺左右的路径，这种影响可能是显著的，导致出现更高的本垒打的机会。

• 回顾式(2.9)和式(3.2)，由式(2.9)，当 $v = 0$ 时，$T = 0$ K。这可以解释为，绝对温度 0 K 时，理想气体中所有运动都停止。另外，当式(3.2)扩展到温度时，$V = 0$，

可推出 $T_{绝对温度} = \left(-\dfrac{1}{\alpha}\right)$ ℃ $= -273$ ℃ $= 0$ K，尽管在这个温度下意味着体积趋于消失，但并不必然意味着运动完全停止。如果当 $T = 0$ K 时，$V = 0$ 且 $K = 0$ 为真，那么气压可以是任何值，但是这并不意味着理想气体定律无效，等式两侧将均等于 0。为避免混淆，需要记住，当这些方程外推到无法假定为理想气体的状态时可能会出现这些问题，在这种状态下，式（2.9）和（3.2）并不意味着什么。

3.9 气体的混合-道尔顿定律

考虑体积为 V 的两种气体的混合物，包含 N_1 分子的气体 1 和 N_2 分子的气体 2，对墙壁的总压力将是所有碰撞的总和，如气体 1 分子的碰撞与气体 2 分子碰撞，因此可以将式（2.13）写为

$$p = \frac{(N_1 + N_2)}{V} kT$$

或

$$p = \frac{N_1 kT}{V} + \frac{N_2 kT}{V}$$

上式右侧第一项是如果气体 1 的所有 N_1 分子占据体积 V 时将会产生的压力，即气体 1 的分压，第二项同理，因此可以推出分压的总和是总气压。这表明了道尔顿定律，即对于 K 种组分的混合物，每种组分都遵循理想气体定律。混合物施加的总压力 p 等于当混合物的温度为 T 时，每种气体单独占据总体积时所施加的分压之和：

$$p = \sum_{i=1}^{K} p_i$$

如果混合物的体积为 V，第 i 种成分的质量和分子量分别是 m_i 和 M_i，那么对于每一种成分

$$p_i = \frac{R^*}{M_i} \frac{m_i}{V} T$$

应用道尔顿定律，对于混合物可以写出

$$p = \sum_{i=1}^{K} \frac{R^* T}{V} \frac{m_i}{M_i}$$

或

$$p = \frac{R^* T}{V} \sum_{i=1}^{K} \frac{m_i}{M_i}$$

因为混合物的总质量 $m = \sum_{i=1}^{K} m_i$，上式变换为

$$p = \frac{R^* T m}{V} \frac{\sum_{i=1}^{K} \dfrac{m_i}{M_i}}{\sum_{i=1}^{K} m_i}$$

15

或

$$p = \frac{R^* T \sum_{i=1}^{K} \frac{m_i}{M_i}}{a \sum_{i=1}^{K} m_i} \tag{3.11}$$

为使混合物遵循理想气体定律,它必须满足式(3.12)

$$p = \frac{RT}{a} = \frac{R^* T}{a \overline{M}} \tag{3.12}$$

这里 $\overline{M}$ 是混合物的平均分子量。对比式(3.11)和(3.12)可以看到,如果式(3.13)成立,这是可能的。

$$\overline{M} = \frac{\sum_{i=1}^{K} m_i}{\sum_{i=1}^{K} \frac{m_i}{M_i}} \tag{3.13}$$

这为计算混合物的平均分子量提供了一种合适的方法,且只要没有凝结(如果有的话,那么一些 m_i 可能不能保持恒定),混合物就遵循理想气体定律。

例题

(3.1)求干空气的平均分子量。

对地球来说,最低的 25 km 大气几乎完全由氮气(N_2)、氧气(O_2)、氩气(Ar)和二氧化碳(CO_2)构成(按照质量,分别为 75.51%、23.14%、1.3% 和 0.05%)。因而,对于干空气,平均分子量为

$$\overline{M} = \frac{m_{N_2} + m_{O_2} + m_{Ar} + m_{CO_2}}{\frac{m_{N_2}}{M_{N_2}} + \frac{m_{O_2}}{M_{O_2}} + \frac{m_{Ar}}{M_{Ar}} + \frac{m_{CO_2}}{M_{CO_2}}}$$

或

$$\overline{M} = \frac{75.51 + 23.16 + 1.3 + 0.05}{\frac{75.51}{28.02} + \frac{23.14}{32.0} + \frac{1.3}{39.94} + \frac{0.05}{44.01}} \text{ g} \cdot \text{mol}^{-1}$$

或

$$\overline{M} = 28.97 \text{ g} \cdot \text{mol}^{-1}$$

或

$$\overline{M} = 0.02897 \text{ kg} \cdot \text{mol}^{-1}$$

可得干空气的比气体常数为

$$R_d = R^* / \overline{M} = 287 \text{ J} \cdot \text{kg}^{-1} \cdot \text{K}^{-1}$$

(3.2)求在 0 ℃和 1 atm 下饱和水汽和干空气的混合物的平均分子量,在 0 ℃的水汽分压是 6.11 hPa。

混合物包含干空气和水汽,如果 p_d 是干空气的压力,p_v 是水汽的压力,那么混

合物的压力为 $p = p_d + p_v$，分子数 $n = m/M$，那么可以将式(3.13)写为

$$\overline{M} = \frac{\sum_{i=1}^{K} n_i M_i}{\sum_{i=1}^{K} n_i} = \frac{\sum_{i=1}^{K} n_i M_i}{n} = \sum_{i=1}^{K} \frac{n_i}{n} M_i \tag{3.14}$$

式中 n_i 和 n 是混合物中各组分相应的分子数和混合物中总的摩尔数。假设干空气和水汽都是理想气体，则有

$$\text{对于混合物 } pV = nR^*T$$
$$\text{对于各个组分 } p_iV = n_iR^*T$$

由以上两式可得

$$\frac{p}{p_i} = \frac{n}{n_i}$$

结合上式和式(3.14)可得

$$\overline{M} = \sum_{i=1}^{K} \frac{p_i}{p} M_i$$

在这个例子中 $i = 1,2$，因此

$$\overline{M} = \frac{p_1}{p} M_1 + \frac{p_2}{p} M_2$$

或者将 1 替换为 d（干空气），将 2 替换为 v（水汽）

$$\overline{M} = \frac{p_d}{p} M_d + \frac{p_v}{p} M_v$$

或

$$\overline{M} = \frac{p - p_v}{p} M_d + \frac{p_v}{p} M_v$$

或

$$\overline{M} = 28.9 \text{ g} \cdot \text{mol}^{-1}$$

以上估计的平均分子量与干空气的平均分子量并没有很大区别，当温度更高时，区别将更加明显。例如在 $T = 35$ ℃时，水汽的分压是 57.6 hPa，$\overline{M} = 28.3 \text{ g} \cdot \text{mol}^{-1}$。

（3.3）有两个容器 A 和 B，体积分别是 $V_A = 800$ cm³ 和 $V_B = 600$ cm³，通过能打开或闭合的管道连接。容器分别在气压 1000 hPa 和 800 hPa 的气压下填充气体，假设气温保持恒定，如果打开连接管道，每个容器最终的气压将是多少？

一旦连接打开，气体将膨胀填充整个容器 $V = V_A + V_B$，导致两个容器的气压相同。首先假设容器 B 是空的，既然容器 A 的气体在定常的温度下膨胀，则有（玻意耳定律）

$$p_f V_f = p_i V_i$$

式中 i 和 f 代表初始态和最终态，可得 $p_f = 571$ hPa。

类似地，如果假设容器 A 是空的，两个容器中的最终气压将是

$$p_f' = \frac{p_i V_i}{V_f} = 343 \text{ hPa}$$

因为 $p_f(p'_f)$ 是容器 A(B)中的气体如果占据了全部的体积 V_A+V_B 所施加的气压，p_f 和 p'_f 可以视为两种气体的分压，那么由道尔顿定律可得每个容器最终的气压将是 914 hPa。

(3.4)如果玻意耳观察到 $\sqrt{p}V=$ 常数，理想气体的状态方程将是怎样的？在这种情况下计算具有 800 hPa 气压和 1200 $cm^3 \cdot g^{-1}$ 比容的氮气的温度。这个温度与利用正确的定律 $pV=$ 常数，估计的温度有何区别？请问能解释这种区别吗？

如果遵循推出式(3.7)的步骤，但是采取新的玻意耳定律，则有

$$p_1 = p\,\frac{T'}{T}$$

$$\sqrt{p'}V' = \sqrt{p_1}V$$

结合上述方程可得

$$\sqrt{p'}V' = \sqrt{p}\,\sqrt{\frac{T'}{T}}V$$

或

$$\frac{\sqrt{p'}V'}{\sqrt{T'}} = \frac{\sqrt{p}V}{\sqrt{T}} = 常数$$

若保持温度和气压为常数，将质量加倍，体积也将加倍，因此这里 $\sqrt{p}V/\sqrt{T}$ 这个比例也会加倍。那么可以写出 $\sqrt{p}V/\sqrt{T}=mR$，其中 m 是总质量，R 是比气体常数。因此在此个例中，理想气体定律将是

$$\sqrt{p}\,a = \frac{R^*}{M}\sqrt{T}$$

求解 T 可得

$$\sqrt{T}=1.143$$

或

$$T=1.07\ K$$

在正常的环境下(如当 $pa=(R^*/M)T$)发现 $T=323.3\ K$ 似乎更有意义，这种巨大的差异是由于 $\sqrt{p}a=$ 常数中的平方根引入了对理想气体定律的两个修正(压力和温度都出现在平方根下)，其净结果是显著降低了 T。

习题

(3.1)计算在 $p=1$ 个大气压且 $T=20$ ℃时占据一个 3 m×5 m×4 m 的三维空间的干空气的质量是多少？(72.3 kg)

(3.2)画出 $V=f(T)_p=$ 常数，从绝对零度到高温的关系，分为相同气体在 0 ℃下分别占据体积 1000 cm^3 和 2000 cm^3 的两种情况。

(3.3)在一个坐标轴为绝对温度和体积的二维坐标系中,画出(a)在 $p=1$ 个大气压下,1 mol 理想气体的等压变化;(b)在 $p=2$ 个大气压下,1 mol 理想气体的等压变化。

(3.4)确定金星大气的分子量,假设体积上,它由 95% 的二氧化碳和 5% 的氮气组成。1 kg 金星大气的气体常数是多少? ($43.2\ \text{g} \cdot \text{mol}^{-1}$,$192.5\ \text{J} \cdot \text{kg}^{-1} \cdot \text{K}^{-1}$)

(3.5)当 $p=1$ 个大气压、$T=0\ ℃$,在 $1\ \text{cm}^3$ 的干空气中有多少分子? (2.6884×10^{19} 分子)

(3.6)已知两个状态 p,V,T 和 p',V',T',在 (p,V) 图中描述状态 p_1,V,T',由此推出理想气体定律(第 3.7 部分)。

(3.7)理想气体的 p,V,T 发生以下连续的变化:(1)在恒定压力下加热直到它的体积加倍;(2)在恒定体积下加热,直到气压加倍;(3)等温膨胀直到其压力回到 p。在 (p,V) 图中,计算每一种情况下 p,V,T 的值,并画出三种变化。

第4章 热力学第一定律

4.1 功

如前面提到的,在大气热力学中将讨论空气的平衡态。如果一个系统(例如空气块)与环境处于平衡状态,两者均未发生变化。可以想象气块的"形状"随时间保持不变。如果周围环境的压力发生变化,那么与压力变化有关的力就会干扰气块,从而迫使它偏离平衡态。为使气块适应环境压力的变化,它会收缩或膨胀。如果气块膨胀,则气块对环境做功,如果气块收缩,则环境对气块做功。根据定义,如果体积改变 dV,那么做的功 dW 为

$$dW = p\,dV$$

因此,当系统由初始态 i 变化至最终态 f,由系统做的功或对系统做的功为

$$W = \int_i^f p\,dV$$

上式表明了做的功是 (p,V) 图(图 4.1)的面积(或 (p,a) 图,a 为比容)。如果 $dV > 0$(系统膨胀),可得 $W > 0$,如果 $dV < 0$(系统收缩),可得 $W < 0$。因此,正的功对应系统对环境做功,负的功对应环境对系统做功。

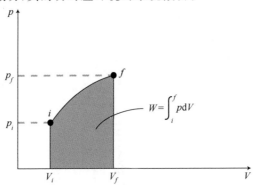

图 4.1 阴影区域给出了系统由初始态 i 变化至最终态 f 做的功

现在考虑一种情形,系统通过可逆转换由 i 膨胀到 f,然后严格按照 (p,V) 图中同一条路径由 f 返回 i,那么总的功将是

$$W = \int_i^f p\,dV + \int_f^i p\,dV = \int_i^f p\,dV - \int_i^f p\,dV = 0$$

然而,如果系统由 i 膨胀到 f,然后沿着一条不同的可逆转换(不同路径)由 f 收

缩至 i，那么做的总功将为(图 4.2)

$$W = \left[\int_i^f p\,\mathrm{d}V\right]_1 + \left[\int_f^i p\,\mathrm{d}V\right]_2$$
$$= 曲线\ 1\ 下的面积-曲线\ 2\ 下的面积$$
$$= A_{i1f2i} \neq 0$$

式中 A_{i1f2i} 是两条路径包围的区域,可得 $\oint \mathrm{d}W = \oint p\,\mathrm{d}V \neq 0$,因此 $\mathrm{d}W$ 不是全微分,这意味着功不是一个状态函数。所以它依赖于系统由 i 到 f 的特定的路径,从现在开始将功的增量变化用 δW 代表而不是 $\mathrm{d}W$。

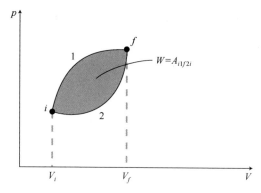

图 4.2　阴影区域给出了在循环可逆转换中做的功

如果 $\mathrm{d}V = \mathrm{d}A\,\mathrm{d}s$(其中 $\mathrm{d}A$ 是面积变量, $\mathrm{d}s$ 是距离变量),那么有 $\delta W = p\,\mathrm{d}A\,\mathrm{d}s = F\,\mathrm{d}s = Fv\,\mathrm{d}t$ 或

$$\frac{\delta W}{\mathrm{d}t} = Fv$$

或

$$\frac{\delta W}{\mathrm{d}t} = m\frac{\mathrm{d}v}{\mathrm{d}t}v$$

或

$$\frac{\delta W}{\mathrm{d}t} = \frac{\mathrm{d}}{\mathrm{d}t}\left(\frac{1}{2}mv^2\right)$$

或

$$\frac{\delta W}{\mathrm{d}t} = \frac{\mathrm{d}K}{\mathrm{d}s} \tag{4.1}$$

式中 v 表示气块的速度, K 是气块的动能,可以看出功与动能有关,最后一个方程表明,热力学系统与环境交换能量的一种方式是做功,另一种是通过热量的传递,后面将给出更多关于这方面的讨论。根据式(4.1),功的单位就是能量的单位,因此在 MKS 系统中功的单位是焦耳,定义为 $J = N \cdot m$,其中牛顿 $N = kg \cdot m \cdot s^{-2}$,在 cgs

系统中,单位是 erg,定义为 erg = dyn·cm,其中 dyn = g·cm·s^{-2},可见 1 J = 10^7 erg。

4.2 能量的定义

热力学第一定律表达了热力学系统中能量守恒的原理,它的观点是,能量不能被创造或摧毁,它只能从一种形式变成另一种形式。如果在一个转换过程中,系统的能量增加了某些量,那么这些量就等于系统从它周围环境中以其他形式获取到的能量。

让我们考虑一个绝热闭合容器中的封闭系统。在这种情况下,系统的能量 U 等于所有分子的势能和动能之和,所有分子的能量之和取决于系统在给定时刻的状态(p,V,T 的值),但显然与过去的状态无关,由此可见,系统的内能取决于它存在的状态,而不是它到达那个状态的路径。在 $i \rightarrow f$ 的转换中,$\Delta U = U_f - U_i$,那么,对于一个循环变换,$\oint \Delta U = 0$,意味着对于一个无穷小的过程,dU 是一个全微分,如果没有外力作用于系统(如系统与外界保持平衡),那么它的能量保持不变($\Delta U = 0$)。如果有外力作用于系统,使其从状态 i 变为状态 f,那么依照能量守恒原理

$$U_f - U_i = -W^{ad} \tag{4.2}$$

式中 $-W^{ad}$ 是外力对系统绝热做的功($+W^{ad}$ 是系统做的功)。注意到式(4.2)说明了在这种情况下做的功只依赖于状态 i 和 f,而不是 $i \rightarrow f$ 的特定转换。这与之前证明的相左——做的功不是全微分,它依赖于 $i \rightarrow f$ 的特定转换。这种差异是由于这里讨论的是绝热变换,只有在这种情况下,做功不依赖于特定的变换。

现在假设这个系统的标准状态 O,$U_O = 0$ 和状态 A,$U_A \neq 0$,进一步假设通过一些外部影响使系统从状态 O 变为状态 A,则根据式(4.2)状态 A 的能量为

$$U_A = -W_A^{ad} \tag{4.3}$$

显然,式(4.3)(以及任何能量的定义)依赖于标准状态 O。如果不是 O 而选择另一个标准状态 O',将得到 U_A'。 在这种情况下,见图 4.3,则有(因为 W^{ad} 只依赖于初始态和最终态)

$$-W_A^{ad} = -W_A^{ad'} - W_{O'}^{ad}$$

或

$$U_A = U_A' + U_{O'}$$

或

$$U_A - U_A' = U_{O'}$$

式中 $U_{O'}$ 是标准状态 O' 的能量,因而是常数。因此,如果选择一个不同的标准状态,U_A' 将会有一个常(增加)量的区别。这个常数是能量概念的一个基本特征,当处理能量的差异(变化)而不是实际数量时,它对最终结果没有影响。

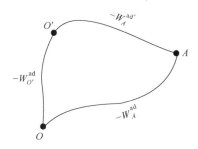

图 4.3　外力对系统从参考态 O 或 O' 到状态 A 所做的功。在这种情况下，
做的功取决于初始状态和最终状态，而不是由初始状态到最终状态的特定路径

4.3　热量和做功的等价

考虑一个水的样本，在温度为 T_i 时是状态 i，在温度为 T_f 时是状态 f，且 $T_f >$
T_i。从状态 i 到状态 f 有多少种不同的方法呢？显然，可以简单地让系统升温。在
这种情况下，只要 T_f 足够低使得蒸发可以忽略不计，系统的体积保持不变，那么外
力就不做功，这是第一种方法。第二种方法是通过摩擦来升温，想象一组桨在系统
内部持续旋转，在这种情况下，将观察到，只要桨继续旋转，水的温度就会升高。由
于水阻碍桨的运动，必须做机械功以保持桨的运动，直到达到 T_f。

因此，系统所做的功取决于从 i 到 f 是采取第一种方法还是第二种方法。如果
假定能量守恒原理成立，那么必须承认，以机械功的形式从旋转桨传递给水的能量，
是以第一种称之为热的非机械形式传递给水的。由此可见，热和（机械）功是等价
的，是同一事物的两个不同方面：能量。在第一种方法中，没有做功，能量的变化可
以表示为

$$\Delta U = Q_{W=0}$$

这里 $Q_{W=0}$ 是吸收的热量。在第二种方法中（试验可考虑成发生在绝热闭合容
器中）能量的改变可以表达为

$$\Delta U = -W^{ad}$$

当功和热可以相互交换时，将上式表达为一般形式

$$\Delta U + W = Q \tag{4.4}$$

根据定义将 1 g 的水从 14.5 ℃ 升高至 15.5 ℃ 需要的热量 $Q_{W=0}$ 等于 1 cal。在
该个例中，W^{ad} 等于 4.185 J。这个值称为热的机械当量。注意到，既然 δW 不是一
个全微分，δQ 也不是，因此对于一个无穷小的过程，上述方程的形式为

$$dU + \delta W = \delta Q \tag{4.5}$$

对于循环变换，$\oint dU = 0$，因此 $W = Q$。式（4.5）是热力学第一定律的数学表达

式,因为 $\delta W = p\,dV$,故可以将第一定律写为

$$dU + p\,dV = \delta Q \tag{4.6}$$

或者对于单位质量

$$du + p\,da = \delta q \tag{4.7}$$

4.4 热容量

因为 dU 是全微分,则可以写成

$$dU = \left(\frac{\partial U}{\partial T}\right)_V dT + \left(\frac{\partial U}{\partial V}\right)_T dV \tag{4.8}$$

或

$$dU = \left(\frac{\partial U}{\partial T}\right)_p dT + \left(\frac{\partial U}{\partial p}\right)_T dp \tag{4.9}$$

或

$$dU = \left(\frac{\partial U}{\partial p}\right)_V dp + \left(\frac{\partial U}{\partial V}\right)_p dV \tag{4.10}$$

结合式(4.6)和(4.8)可得

$$\left(\frac{\partial U}{\partial T}\right)_V dT + \left[p + \left(\frac{\partial U}{\partial V}\right)_T\right] dV = \delta Q \tag{4.11}$$

结合式(4.6)、(4.9)和下式

$$dV = \left(\frac{\partial V}{\partial p}\right)_T dp + \left(\frac{\partial V}{\partial T}\right)_p dT$$

可得

$$\left[\left(\frac{\partial U}{\partial T}\right)_p + p\left(\frac{\partial V}{\partial T}\right)_p\right] dT + \left[\left(\frac{\partial U}{\partial p}\right)_T + p\left(\frac{\partial V}{\partial p}\right)_T\right] dp = \delta Q \tag{4.12}$$

结合式(4.6)和(4.10)可得

$$\left(\frac{\partial U}{\partial p}\right)_V dp + \left[\left(\frac{\partial U}{\partial V}\right)_p + p\right] dV = \delta Q \tag{4.13}$$

将热容量 C 定义为 $\delta Q/dT$ 的比值,等容 V 情况下用 C_V 表示,等压 p 情况下为 C_p。根据定义如果一个均相系统在一个定容过程中没有物理和化学状态的变化,系统吸收的热量与温度的变化成比例,

$$\delta Q = C_V dT$$

或

$$\delta Q = c_V m\,dT$$

这里 m 是系统的质量,c_V 是定容条件下的比热容(如: $c_V = C_V/m$),另外一种比热是摩尔比热 $c_{Vm} = C_V/n$,这里 n 是摩尔数,类似地,在定压条件下

$$\delta Q = C_p dT$$

或

$$\delta Q = c_p m \, dT$$

由式(4.11),如果设 $dV = 0$,可得

$$C_V = \frac{\delta Q}{dT} = \left(\frac{\partial U}{\partial T}\right)_V \tag{4.14}$$

和

$$c_v = \left(\frac{\partial u}{\partial T}\right)_a$$

由式(4.12),如果设 $dp = 0$,可得

$$C_p = \left(\frac{\partial U}{\partial T}\right)_p + p\left(\frac{\partial V}{\partial T}\right)_p$$

这里通过定义一个新的状态函数:焓 $H = U + pV(h = u + pa)$,上式变换为

$$C_p = \left(\frac{\partial H}{\partial T}\right)_p \tag{4.15}$$

和

$$c_p = \left(\frac{\partial h}{\partial T}\right)_p$$

同样,这里可以定义在定压状态下的摩尔比热为 $c_{pm} = C_p/n$,而且因为 $pV = nR^* T$,对于理想气体来说,焓是两种状态变量(U,T)的函数,因此它可以表示为全微分。注意对于等压过程 $dH = dU + p\,dV = \delta Q$,即:焓的变化等于吸收或流失的热量。

4.5　更多关于 U 和 T 的关系(焦耳定律)

如前所述,任何热力学量都可以表示为两个状态变量的函数,因此,可以假设 $U = f(V,T)$。在第 2 章中,讨论了在热动力学理论中,U 与绝对温度成正比,这表明了 U 是一个状态变量的函数,$U = f(T)$。焦耳给出了一个实验证明,做了下面的实验,他建造了一个量热计,并在其中放置了一个有两个腔室 A 和 B 的容器,A 和 B 之间用开关隔开,见图 4.4。在 A 中填充理想气体,将 B 抽成真空,当整个系统达到热平衡(如量热计中的温度计所示)后,焦耳打开了塞子,让理想气体从 A 流向 B,直到各处的压力平衡。他观察到这并没有引起温度读数的任何变化。因此从第一定律有 $Q = 0$ 或由式(4.4)可得

$$\Delta U = -W$$

现在注意到,由于系统(容器)的体积没有变化,所以系统没有做功,因此 $W = 0$,且 $\Delta U = 0$。但是,你可能会问,容器 A 内的气体呢? 它的体积随着填满容器 B 而增大,它的作用是什么? 由于在这个过程中没有温度的变化和能量的变化,因而必须

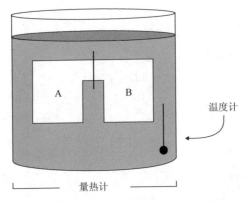

图 4.4 焦耳证明 $U = U(T)$ 的试验设计

得出这样的结论:在恒定温度下体积的变化不会产生能量的变化,换句话说 $U \neq f(V)$ 这意味着 U 只是 T 的函数:

$$U = U(T) \tag{4.16}$$

在习题 6.2 中将要求从数学上证明这一点。

更多关于热容的内容

因为式(4.16),$(\partial U/\partial T)_V = dU/dT$,因此可以将式(4.14)写为

$$C_V = \frac{dU}{dT}$$
$$c_V = \frac{du}{dT} \tag{4.17}$$

类似地,$H = U + pV = U + nR^*T = H(T)$ 且

$$C_p = \frac{dH}{dT}$$
$$c_p = \frac{dh}{dT} \tag{4.18}$$

在大气的温度范围内,c_V 和 c_p 近似为常数,由式(4.17)则有

$$U = \int C_V dT + 常数$$

或

$$U = C_V T + 常数$$

由于只有内能(以及焓)的差异在物理上是相关的,故可以将积分常数设为零,得到

$$U \approx C_V T$$

类似地,$H \approx C_p T$,$u \approx c_V T$ 和 $h \approx c_p T$,结合式(4.17)和(4.18)可得

$$C_p - C_V = nR^* \tag{4.19}$$

这意味着

$$c_p - c_V = R, \quad c_{pm} - c_{Vm} = R^*$$　　　　　　(4.20)

现在回顾一下第 2 章(式(2.8)),对于由 N 个质点组成的单原子气体,总内能是

$$U = \frac{3}{2} NkT$$

由此可见

$$C_V = \frac{dU}{dT} = \frac{3}{2} Nk = \frac{3}{2} mR = \frac{3}{2} nMR = \frac{3}{2} nR^*$$

且

$$c_{Vm} = \frac{3}{2} R^*, \quad c_V = \frac{3}{2} \frac{n}{m} R^* = \frac{3}{2} R$$

类似地,

$$C_p = \frac{dH}{dT} = \frac{dU}{dT} + nR^* = \frac{5}{2} nR^*$$

且

$$c_{pm} = \frac{5}{2} R^*, \quad c_p = \frac{5}{2} R$$

对于双原子气体这些值变为

$$C_V = \frac{5}{2} nR^*, \quad c_{Vm} = \frac{5}{2} R^*, \quad c_V = \frac{5}{2} R$$

且

$$C_p = \frac{7}{2} nR^*, \quad c_{pm} = \frac{7}{2} R^*, \quad c_p = \frac{7}{2} R$$

在文献中,C_V 和 c_{Vm},或 C_p 和 c_{pm} 经常被假设为是相等的,这仅在 1 mol 的情况下是正确的,从上面可以得出结论

$$\frac{C_p}{C_V} = \frac{c_{pm}}{c_{Vm}} = \frac{c_p}{c_V}$$

将这些比值表达为 γ。

干空气被认为是一种双原子气体。根据上述关系式,对于干空气估计

$$\gamma_d = 1.4$$

$$c_{Vd} = 718 \text{ J} \cdot \text{kg}^{-1} \cdot \text{K}^{-1} = 171 \text{ cal} \cdot \text{kg}^{-1} \cdot \text{K}^{-1}$$

$$c_{pd} = 1005 \text{ J} \cdot \text{kg}^{-1} \cdot \text{K}^{-1} = 240 \text{ cal} \cdot \text{kg}^{-1} \cdot \text{K}^{-1}$$

$$R_d = 287 \text{ J} \cdot \text{kg}^{-1} \cdot \text{K}^{-1}$$

根据上述定义,可以将第一定律写为

$$C_V dT + p dV = \delta Q$$　　　　　　(4.21)

或

$$c_V dT + p da = \delta q$$

考虑到 $C_V = C_p - nR^*$ 和 $pV = nR^*T$，式(4.21)变换为

$$(C_p - nR^*)\,\mathrm{d}T + (nR^*\,\mathrm{d}T - V\mathrm{d}p) = \delta Q$$

或

$$C_p\mathrm{d}T - V\mathrm{d}p = \delta Q \tag{4.22}$$

为了方便起见，表 4.1 总结了第一定律的所有不同表达式。

表 4.1　第一定律的表达式

对于质量为 m 的气体	对于单位质量的气体
$\mathrm{d}U + \delta W = \delta Q$	$\mathrm{d}u + \delta w = \delta q$
$\mathrm{d}U + p\,\mathrm{d}V = \delta Q$	$\mathrm{d}u + p\,\mathrm{d}a = \delta q$
$C_V\mathrm{d}T + p\,\mathrm{d}V = \delta Q$	$c_V\mathrm{d}T + p\,\mathrm{d}a = \delta q$
$C_p\mathrm{d}T - V\mathrm{d}p = \delta Q$	$c_p\mathrm{d}T - a\,\mathrm{d}p = \delta q$

4.6　第一定律的结果

下面看一下，在以下特殊个例中第一定律的形式

- 等温转换：$i \xrightarrow{T=常数} f$

在这种转换中 $\mathrm{d}T = 0$，因此由式(4.21)可得 $\delta Q = \delta W$，那么交换的热量是

$$Q = \int_i^f \delta W = \int_i^f p\,\mathrm{d}V$$

或

$$Q = nR^*T\int_i^f \frac{\mathrm{d}V}{V}$$

或

$$Q = nR^*T\ln\frac{v_f}{v_i}$$

- 等容转换：$i \xrightarrow{V=常数} f$

在这种情况下 $\mathrm{d}V = 0$，由第一定律可得

$$\delta Q = \mathrm{d}U = C_V\mathrm{d}T$$

或

$$\Delta U = Q = C_V\int_i^f \mathrm{d}T = C_V(T_f - T_i)$$

- 等压转换：$i \xrightarrow{p=常数} f$

在这种情况下有

$$\delta Q = C_p\mathrm{d}T \text{ 或 } Q = C_p(T_f - T_i)$$

$$\delta W = p\,\mathrm{d}V \ \text{或} \ W = p\,(V_f - V_i)$$

和

$$\Delta U = C_p\,(T_f - T_i) - p\,(V_f - V_i)$$

- 循环转换 $i \rightarrow f \rightarrow i$

在循环转换中 $\oint \mathrm{d}U = 0$，那么从第一定律可得

$$\oint \delta W = \oint \delta Q$$

- 绝热变换——泊松关系

在绝热过程中，虽然系统和周围环境存在温差，但它们之间不存在热量交换，因此 $\delta Q = 0$。 那么第一定律可以表示为

$$\mathrm{d}U = -\delta W$$

或

$$C_V\,\mathrm{d}T = -p\,\mathrm{d}V$$

或

$$C_p\,\mathrm{d}T = V\,\mathrm{d}p$$

或

$$\frac{\mathrm{d}T}{T} = \frac{V}{C_p}\frac{\mathrm{d}p}{T}$$

或利用 $pV = mRT$，有

$$\frac{\mathrm{d}T}{T} = \frac{mR}{C_p}\frac{\mathrm{d}p}{p}$$

或

$$\frac{\mathrm{d}T}{T} = \frac{nR^*}{C_p}\frac{\mathrm{d}p}{p}$$

或利用 $C_p - C_V = nR^*$，有

$$\frac{\mathrm{d}T}{T} = \left(1 - \frac{C_V}{C_p}\right)\frac{\mathrm{d}p}{p}$$

或

$$\frac{\mathrm{d}T}{T} = \left(1 - \frac{1}{\gamma}\right)\frac{\mathrm{d}p}{p} \tag{4.23}$$

对式(4.23)积分，可得

$$\ln T = \left(1 - \frac{1}{\gamma}\right)\ln p + \ln(\text{常数})$$

或

$$\ln T = \ln p^{\frac{\gamma-1}{\gamma}} + \ln(\text{常数})$$

或

$$T = 常数 \times p^{\frac{\gamma-1}{\gamma}}$$

或

$$Tp^{\frac{1-\gamma}{\gamma}} = 常数 \tag{4.24}$$

通过理想气体定律,可得出式(4.24)的等价表达如下:

$$TV^{\gamma-1} = 常数 \tag{4.25}$$

$$pV^{\gamma} = 常数 \tag{4.26}$$

式(4.24)—(4.26)给出了绝热过程的泊松关系。因为对于干空气 $\gamma = 1.4 > 0$,式(4.25)证明了众所周知的:当空气块上升膨胀时(如 V 增加),其温度必然降低。对于绝热膨胀,因为 δQ 是零,这种下降是由于气块对环境膨胀做功。

根据理想气体定律可得,等温线由如下方程给出:

$$pV = 常数$$

因此,在 (p,V) 图上等温线为等边双曲线,如图 4.5(a),等边双曲线的渐近线彼此垂直。由式(4.26),可以看到 (p,V) 图中的绝热线也是等边双曲线,但由于 $\gamma > 1$ 绝热线将比等温线陡得多。显然,在 (p,V) 图中,等压变换和等容变换分别用 p 轴和 V 轴上的直线表示,在 (p,T) 图中,等容线由如下方程给出

$$V = \frac{nR^*T}{p} = 常数'$$

或

$$TP^{-1} = 常数$$

这是直线的方程。由式(4.24)可得,在 (p,T) 图中,绝热线仍然是双曲线(图4.5(b))。在 (T,V) 图(图 4.5(c))中等压线是直线($TV^{-1} = 常数$)并且绝热线是双曲线(式(4.25))。完整的 (p,V,T) 空间和变换如图 4.5(d)所示,因为不允许气块和其环境之间有热交换(这需要完美的隔离),绝热过程在自然界中是理想化且绝对不会发生的,然而,对于发生很快的过程,能量的转移不显著。这种情况是可以很好地近似为绝热的。

- 多变转换

在等温转换过程中,系统可以与环境交换热量,但温度保持不变。然而,这是一种理想的情况。实际上,温度的均匀化不是瞬间发生的。同样,绝热转化也是一种理想的情况,因为它需要完美的绝热。对于等压和等容变换也是同样的。因此关系式 $pV = 常数$、$pV^{\gamma} = 常数$、$Tp^{-1} = 常数$ 和 $TV^{-1} = 常数$ 是一般关系式 $pV^{\eta} = 常数$(其中 η 可以是任何值)的特定情况,这种转换称为多变转换(在希腊语中,多变意味着多种行为的)。如果假设 $\eta = \gamma/\varepsilon$,其中 ε 是常数,可以由式 $pV^{\eta} = 常数$ 或 $Tp^{\frac{1-\eta}{\eta}} = 常数$ 反推得到

$$\frac{dT}{T} = \left(1 - \frac{\varepsilon}{\gamma}\right)\frac{dp}{p}$$

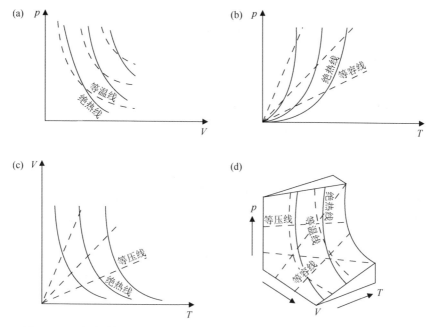

图 4.5 绝热线、等温线、等压线和等容线在部分和整个状态空间中的各种关系

考虑到 $\gamma = \dfrac{C_p}{C_V}$，上式可以表达为

$$\frac{\mathrm{d}T}{T} = \left(\frac{C_p - C_V \varepsilon}{C_p}\right)\frac{\mathrm{d}p}{p}$$

或

$$\frac{\mathrm{d}T}{T} = \left(\frac{C_p - C_V - C_V \varepsilon + C_V}{C_p}\right)\frac{\mathrm{d}p}{p}$$

或

$$\frac{\mathrm{d}T}{T} = \left(\frac{C_p - C_V}{C_p}\right)\frac{\mathrm{d}p}{p} + \frac{C_V(1-\varepsilon)}{C_p}\frac{\mathrm{d}p}{p}$$

或

$$\frac{\mathrm{d}T}{T} = \frac{nR^*}{C_p}\frac{\mathrm{d}p}{p} + \frac{(1-\varepsilon)}{\gamma}\frac{\mathrm{d}p}{p}$$

或

$$\frac{\mathrm{d}T}{T} = \frac{V}{C_p}\frac{\mathrm{d}p}{T} + \frac{(1-\varepsilon)}{\gamma}\frac{\mathrm{d}p}{p}$$

或

$$C_p\mathrm{d}T = V\mathrm{d}p + \frac{(1-\varepsilon)C_p T}{\gamma p}\mathrm{d}p$$

或

$$C_p \mathrm{d}T = V\mathrm{d}p - \frac{C_p(\varepsilon-1)}{\gamma}\frac{V}{nR^*}\mathrm{d}p$$

因此,根据第一定律,右侧第二项是热交换项,如果 $\varepsilon=1$(如 $\eta=\gamma$,绝热过程)则此项等于 0;如果 $\eta<\gamma$($\varepsilon>1$)且 $\mathrm{d}p<0$,或 $\eta>\gamma$($\varepsilon<1$)且 $\mathrm{d}p>0$ 则此项大于 0(如系统从环境吸收热量);如果 $\eta>\gamma$ 且 $\mathrm{d}p<0$ 或 $\eta<\gamma$ 且 $\mathrm{d}p>0$ 则此项小于 0(如系统向环境传输热量)。由上式可得,对于 $\varepsilon=0$(如 $\eta=\infty$), $nR^*\mathrm{d}T=V\mathrm{d}p$,由理想气体定律,说明 $\mathrm{d}V=0$。 对于 $\varepsilon=\gamma$(如 $\eta=1$),可简化为 $C_p\mathrm{d}T=0$,而对于 $\varepsilon=\infty$(如 $\eta=0$),可得 $\mathrm{d}p=0$。 因此对应于 $\eta=0,1,\gamma$ 和 ∞,多变过程 $pV^\eta=$常数可分别简化为等压、等温、绝热、等容的过程。

此处必须补充一点,在大气中,在相当广泛的运动范围内,一个气块(即系统)适应环境压力变化和做功所需的时间尺度,与相应的热传导的时间尺度相比是很短的。例如,在边界层以上和云层外,热传导的时间尺度大约是两周,而影响一个气块的位移的时间尺度大约是几个小时到 1 天,由此可见,绝热近似是许多大气现象的良好近似。

• 干绝热递减率

由式(4.24)可得

$$T = 常数 \cdot p^{\frac{\gamma-1}{\gamma}}$$

对上式求对数导数可得

$$\mathrm{d}\ln T = \frac{\gamma-1}{\gamma}\mathrm{d}\ln p$$

或

$$\frac{\mathrm{d}T}{T} = \frac{\gamma-1}{\gamma}\frac{\mathrm{d}p}{p}$$

或

$$\frac{1}{T}\frac{\mathrm{d}T}{\mathrm{d}z} = \frac{\gamma-1}{\gamma}\frac{1}{p}\frac{\mathrm{d}p}{\mathrm{d}z} \tag{4.27}$$

对于大尺度运动,流体静力学近似表明气压梯度力与重力平衡,因而

$$\frac{\mathrm{d}p}{\mathrm{d}z} = -\rho g \tag{4.28}$$

对于大气中的上升气块,只要上升运动是绝热过程,式(4.27)就是成立的。对于同一气块,只有当气块的 $\mathrm{d}p/\mathrm{d}z$ 等于大尺度(环境)时,式(4.28)才成立。假设这是正确的,但在式(4.28)中,ρ 代表环境的密度,由理想气体定律可得

$$\rho = \frac{p}{RT_s} \tag{4.29}$$

式中 T_s 为环境的温度,在这种情况下结合式(4.27)至(4.29)可得

$$\frac{\mathrm{d}T}{\mathrm{d}z} = -\frac{\gamma-1}{\gamma}\frac{g}{R}\frac{T}{T_s}$$

回顾一下,绝热上升或下降的定义是不存在由于气块与环境之间的温差而引起的能量交换。因此,如果气块保持干燥(即不发生冷凝),可以由上面的方程定义干绝热递减率 Γ_d 为大气温度廓线,因此气块的温度总是等于其周围环境的温度,对于这样的廓线 $T = T_s$,对于干空气也是如此

$$\Gamma_d = -\frac{\mathrm{d}T}{\mathrm{d}z} = \frac{\gamma-1}{\gamma}\frac{g}{R_d} = \frac{g}{c_{pd}} = 9.8\ \text{℃}\cdot\text{km}^{-1} \tag{4.30}$$

这一数值大于观测到的环境温度随海拔高度的平均递减率,其差异主要是由于推导 Γ_d 的过程中,忽视了水汽的存在。当存在水汽时,则有新的递减率,将在后面的章节中讨论。

回顾 $h = u + pa$ 和 $h = c_{pd}T$,可以将式(4.30)写为

$$\frac{\mathrm{d}h}{\mathrm{d}z} = -g$$

或

$$\frac{\mathrm{d}}{\mathrm{d}z}(h + gz) = 0 \tag{4.31}$$

式中 $h + gz$ 定义为干静力能。由式(4.31)可知:(1)由于克服重力做功,气块的焓随着气块的绝热上升而减小;(2)静力能量(焓和重力势能之和)在绝热运动(上升或下降)中守恒,焓就是比内能加上代表气块对环境做功的 pa 项。

• 位温

假设由关系式 $\theta = ATp^{-\beta}$ 定义的一个变量 θ,其中 A 和 β 是常数,等式两边取对数可得 $\ln\theta = \ln A + \ln T - \beta\ln p$,那么求微分可得

$$\mathrm{d}\ln\theta = \mathrm{d}\ln T - \beta\mathrm{d}\ln p$$

现在考虑 $c_p\mathrm{d}T - a\mathrm{d}p = \delta q$ 形式的第一定律,除以 T,借助于理想气体定律可得

$$\mathrm{d}\ln T - \frac{R}{c_p}\mathrm{d}\ln p = \frac{\delta q}{c_p T}$$

因为 $\beta = R/c_p$,结合上述两式可得

$$\mathrm{d}\ln\theta = \frac{\delta q}{c_p T} \tag{4.32}$$

对于绝热过程 $\delta q = 0$,所以 $\mathrm{d}\ln\theta = 0$。因此预计在绝热过程中应该存在一个量 θ 是守恒的,这个量定义如下。

由式(4.24)有

$$\frac{T}{p^k} = \frac{T_0}{p_0^k}$$

式中 $k = (\gamma-1)/\gamma = 1 - c_V/c_p = R/c_p = 0.286$(对于干空气)。状态 (T_0, p_0) 可以视为参考态,因此选择 $p_0 = 1000\ \text{hPa}$,把相应的温度写为 T_0,上式可以表示为

$$T_0 = T \left(\frac{p_0}{p} \right)^k \tag{4.33}$$

或

$$T_0 = p_0^k T p^{-k}$$

如果将式(4.33)与 $\theta = A T p^{-\beta}$ 相比较,可以看出 对于 $A = p_0^k$ 且 $\beta = k$,$T_0 = \theta$。将 θ 定义为位温,并将其视为一个气块从任何状态 (T,p) 绝热压缩或膨胀到 1000 hPa 应该有的温度。因此位温在绝热过程中保持不变。这样一来,在绝热条件下,θ 可以视为大气运动的示踪物。 在气块可以被视为绝热的时间尺度上,常量值 θ 跟踪了气块的运动(发生在等 θ 面上)。由式(4.33)很明显可知,大气中 θ 的分布依赖于 T 和 p 的分布。在大气中 $\mathrm{d}p/\mathrm{d}z \gg \mathrm{d}T/\mathrm{d}z$(只要想一下地面以上 5 km,气压平均由 1000 hPa 降至 500 hPa,而温度由 288 K 降至 238 K)。因此等 θ 的面倾向于类似等压面。以前在看到上升(下降)时,因为气块做功(环境大气做功),气块的温度必须下降(上升)。通过位温的定义,可以把表述扩展成:在一个绝热的上升(下降)过程中,气块的温度必须以保持位温恒定的比例下降(上升)。注意到式(4.32)显示了对于非绝热过程,位温的变化是由气块与环境热量交换的直接测量得到的,因此非绝热气块将会穿过等位温面,并且与气块和环境的热量交换的净总量成正比。

例题

(4.1)1 mol 气体由体积为 10 L、温度为 300 K 膨胀至(a)体积为 14 L、温度为 300 K 和(b)体积为 14 L、温度为 290 K,两种情况下气体对环境做的功分别是多少?

(a)根据功的定义

$$W = \int_{V_1}^{V_2} p \, \mathrm{d}V = \int_{V_1}^{V_2} \frac{n R^* T}{V} \mathrm{d}V$$

因为温度保持不变,上式可得

$$W = n R^* T \ln \frac{V_2}{V_1} = 839 \text{ J}$$

(b)在这种情况下,T 不为常数,因此不能从积分中提取出来,上式不适用。

当 T 不为常数时,为了计算做的功,必须用显式函数描述 (p,V) 图中 i 到 f 的路径,而不是仅仅给出 i 和 f。一种近似的办法是定义满足如下关系的 $\overline{T}$ 和气压 $\overline{p}$

$$\int_{V_1}^{V_2} \frac{T \mathrm{d}V}{V} \approx \overline{T} \int_{V_1}^{V_2} \frac{\mathrm{d}V}{V}$$

或关系式

$$\int_{V_1}^{V_2} p \, \mathrm{d}V = \overline{p} \int_{V_1}^{V_2} \mathrm{d}V$$

因为在这个题目中没有给出从 i 到 f 函数的提示,那么可以自由地给出(合理)的假设。可假设从 i 到 f 是由直线连接,由给出的数据可以估计 $p_i = 249420$ Pa 且 $p_f = 172200$ Pa。由图 4.6 很容易可以看出,做的功是梯形 $if V_f V_i$ 的面积。因为阴影三角形的面积相等,所以这个面积等于由线 $p=0$,$p=\overline{p}$,$V=V_i$,$V=V_f$ 定义的矩形的面积,其中 $\overline{p}=p_1+p_2/2$。 因此

$$W=\overline{p}(V_f-V_i)=843\text{ J}$$

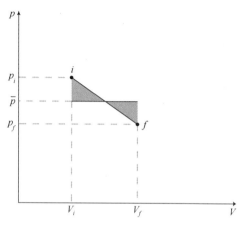

图 4.6　例题 4.1 的配图

(4.2)考虑气体在等温线上的初始状态 i 和最终状态 f,其中 $V_f>V_i$。 气体通过等压膨胀和等容冷却从 i 到达 f,在 (p,V) 图上画出整个变换的草图,并求出所做的功。如果换做气体通过等容冷却然后等压膨胀的过程由 i 到 f,做的功会与之前不同吗?

在第一种情况下,气体由 i 到 m(等压的从 V_i 到 V_f)然后从 m 到 f(等容的从 p_i 到 p_f)(图 4.7),从 $i\rightarrow f$ 做的全部的功将是从 $i\rightarrow m$ 和从 $m\rightarrow f$ 做的功的总和。

$$W_1=\int_{V_i}^{V_f}p\,\mathrm{d}V+\int_{V_f}^{V_f}p\,\mathrm{d}V$$
$$=p_i\int_{V_i}^{V_f}\mathrm{d}V=p_i(V_f-V_i)$$

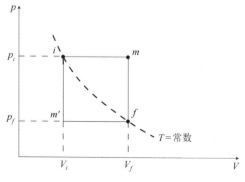

图 4.7　例题 4.2 的配图

在第二种情况下,气体从 i 到 m'(等容的从 p_i 到 p_f)然后从 m' 到 f(等压的从 V_i 到 V_f),同上从 $i \rightarrow f$ 做的总的功是

$$W_2 = \int_{V_i}^{V_i} p\,\mathrm{d}V + \int_{V_i}^{V_f} p\,\mathrm{d}V$$

$$= p_f \int_{V_i}^{V_f} \mathrm{d}V = p_f(V_f - V_i)$$

因为 $p_i \neq p_f$,可得 $W_1 \neq W_2$

(4.3)为如下过程计算 Q,W 和 ΔU,如图 4.8。

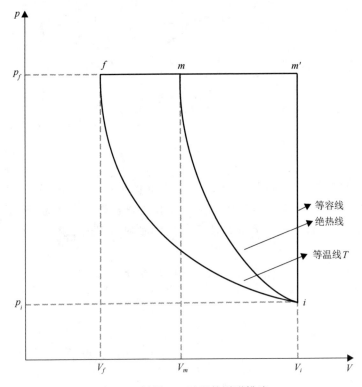

图 4.8　例题 4.3 过程的图形描述

(a)从状态 $i = (p_i, V_i)$ 到状态 $f = (p_f, V_f)$ 的等温可逆压缩。

(b)从状态 $i = (p_i, V_i)$ 到状态 $m = (p_f, V_m)$ 的绝热可逆压缩以及随后的等压可逆压缩至状态 $f = (p_f, V_f)$。

(c)从状态 $i = (p_i, V_i)$ 到状态 $m' = (p_f, V_i)$ 的气温可逆等容上升,随后到状态 $f = (p_f, V_f)$ 的气温可逆等压下降。

把所有的答案用 p_i,p_f 和 T 表示出来,其中 T 是(a)中等温线的温度。

(a)在这个变换中 $T_i = T_f = T$,$\Delta T = 0$ 且 $\Delta U = 0$,那么从第一定律可得

$$Q = W = \int_i^f p\,\mathrm{d}V = nR^*T \int_i^f \frac{\mathrm{d}V}{V}$$

$$= nR^* T \ln \frac{V_f}{V_i} = nR^* T \ln \frac{p_i}{p_f}$$

（b）这个转换包含两个分支（$i \to m$ 和 $m \to f$）。由（a）可得，初始和最终温度相同，如 $\Delta U = 0$，因此，再次可得 $Q = W$ 且

$$\Delta U = \Delta U_{i \to m} + \Delta U_{m \to f}$$

$$Q = Q_{i \to m} + Q_{m \to f}$$

且

$$W = W_{i \to m} + W_{m \to f}$$

因为分支 $i \to m$ 是绝热的，可得 $Q_{i \to m} = 0$ 且

$$W_{i \to m} = -\Delta U_{i \to m} = -C_V (T_m - T_i) \tag{4.34}$$

T_m 和 T_i 有如下方程的关系

$$T_i p_i^{\frac{1-\gamma}{\gamma}} = T_m p_m^{\frac{1-\gamma}{\gamma}}$$

其中 $p_m = p_f$，可得

$$T_m = T_i \left(\frac{p_i}{p_f} \right)^{\frac{1-\gamma}{\gamma}} = T \left(\frac{p_i}{p_f} \right)^{\frac{1-\gamma}{\gamma}}$$

那么由式（4.34）可得

$$W_{i \to m} = -C_V T \left[\left(\frac{p_i}{p_f} \right)^{\frac{1-\gamma}{\gamma}} - 1 \right] \tag{4.35}$$

分支 $m \to f$ 是等压的，那么

$$W_{m \to f} = \int_m^f p \, \mathrm{d}V = p_f (V_f - V_m) \tag{4.36}$$

V_m 和 V_i 由泊松方程联系在一起，可得

$$p_i V_i^\gamma = p_m V_m^\gamma$$

因为 $p_m = p_f$，上述方程可变换为

$$\left(\frac{V_m}{V_i} \right)^\gamma = \frac{p_i}{p_f}$$

或

$$V_m = V_i \left(\frac{p_i}{p_f} \right)^{1/\gamma}$$

那么式（4.36）可以写为

$$W_{m \to f} = p_f \left[V_f - V_i \left(\frac{p_i}{p_f} \right)^{1/\gamma} \right]$$

$$= p_f V_f \left[1 - \frac{V_i}{V_f} \left(\frac{p_i}{p_f} \right)^{1/\gamma} \right]$$

$$= nR^* T \left[1 - \frac{p_f}{p_i} \left(\frac{p_i}{p_f} \right)^{1/\gamma} \right]$$

$$= nR^* T \left[1 - \left(\frac{p_i}{p_f} \right)^{\frac{1-\gamma}{\gamma}} \right] \qquad (4.37)$$

由式(4.35)和(4.37),可得

$$Q = W = -C_V T \left[\left(\frac{p_i}{p_f} \right)^{\frac{1-\gamma}{\gamma}} - 1 \right]$$

$$+ nR^* T \left[1 - \left(\frac{p_i}{p_f} \right)^{\frac{1-\gamma}{\gamma}} \right]$$

$$= C_p T \left[1 - \left(\frac{p_i}{p_f} \right)^{\frac{1-\gamma}{\gamma}} \right]$$

(c)转换仍然有两个分支 $i \rightarrow m'$ 和 $m' \rightarrow f$,分支 $i \rightarrow m'$ 是等容的,所以

$$W_{i \rightarrow m'} = 0$$

分支 $m' \rightarrow f$ 是等压的,可得

$$W_{m' \rightarrow f} = \int_{m'}^{f} p \, dV = p_f (V_f - V_{m'}) = p_f (V_f - V_i)$$

或

$$W_{m' \rightarrow f} = p_f V_f (1 - \frac{V_i}{V_f})$$

$$= nR^* T (1 - \frac{p_f}{p_i})$$

仍然有 $T_i = T_f = T, \Delta T = 0$ 和 $\Delta U = 0$。

因此,总体上来说

$$Q = W = nR^* T (1 - \frac{p_f}{p_i})$$

(4.4)接下来的问题由 Iribarne 和 Godson(1973)提出,同学们应该在查看解题思路前尝试自己解题。图 4.9 显示了有两个小室 A 和 B 的密封盒子。每一个小室包含一种单原子的理想气体,并且由墙分隔开,这堵墙一方面不允许热量的交换,另一方面也足够灵活可以确保两边小室的压力相等。两个小室的初始条件是相同的: $T_i = 273$ K, $V_i = 1000$ cm^3 和 $p_i = 1$ 个大气压(1013×10^2 Pa),那么,通过电阻的作用,热量被提供给 A 中的气体,直到它的压力变成它初始压力的十倍。求:(a)在 B 中气体的最终温度;(b)对 B 中气体做的功;(c)A 中气体的最终温度;(d)A 中气体吸收的热量。

(a)提供给 A 中气体的热量导致了所有状态变量值的上升。当它膨胀的时候,压缩了 B 中的气体,但是因为 A 和 B 之间隔热墙的存在,A 没有向 B 传输任何热量。因为墙是灵活的,B 中的气体被绝热压缩直到它的气压等于 A 室的气压,因此 $p_{Bf} = 10$ 个大气压。由泊松方程可以求解 T_{Bf}

$$T_{Bi} p_{Bi}^{\frac{1-\gamma}{\gamma}} = T_{Bf} p_{Bf}^{\frac{1-\gamma}{\gamma}}$$

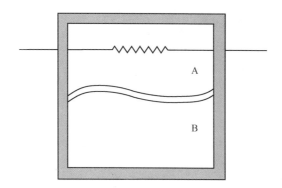

图 4.9 例题 4.4 的示意图:密闭盒子有 A 和 B 两个小室,每个小室包含
一种单原子的理想气体,并且由墙分隔开,这堵墙一方面不允许热量的交换,
另一方面也足够灵活可以确保两边小室的压力相等

因为气体是单原子 $\gamma = 1.666$,因此,

$$T_{Bf} = \left(\frac{p_{Bi}}{p_{Bf}}\right)^{-0.4} T_{Bi} \approx 686 \text{ K}$$

有了 T_{Bf},可以使用泊松方程的其他形式来求出 V_{Bf}

$$T_{Bi} V_{Bi}^{\gamma-1} = T_{Bf} V_{Bf}^{\gamma-1}$$

或

$$V_{Bf} = \left(\frac{T_{Bi}}{T_{Bf}}\right)^{1/\gamma-1} V_{Bi} = \left(\frac{273}{686}\right)^{1.5} V_{Bi}$$

$$= 0.25 \, V_{Bi} = 250 \text{ cm}^3$$

(b)对 B 中的气体做的功(单位:J)由下式给出

$$W = -\Delta U = -C_V(T_{Bf} - T_{Bi}) = -413 \, C_V$$

众所周知,对于单原子的气体 $C_V = \frac{3}{2} nR^*$。摩尔数 n 可以由理想气体定律和
初始条件求出,可得

$$n = \frac{p_i V_i}{R^* T_i} = 0.0446 \text{ mol}$$

可见 $C_V = 0.556 \text{ J} \cdot \text{K}^{-1}$ 且

$$W \approx -230 \text{ J}$$

或

$$W \approx -55 \text{ cal}$$

(c)因为 B 最终的体积是 250 cm^3,因此 A 的最终体积是 1750 cm^3。通过对 A
的初始和最终条件应用理想气体定律可得

$$T_{Af} = \frac{p_{Af} V_{Af}}{p_{Ai} V_{Ai}} T_{Ai} = 4777 \text{ K}$$

(d) 由第一定律,A 中的气体吸收的热量为

$$Q = \Delta U + W$$

式中 $W = 55$ cal(如:与对气体 B 做的功相反)且 $\Delta U = C_V(T_{Af} - T_{Ai}) = 2504$ J $= 598$ cal,因此

$$Q = 598 + 55 = 653 \text{ cal}$$

习题

(4.1)商业飞行器在接近 200 hPa 的高度飞行,通常外部的温度是 -60 ℃。(a)计算绝热压缩至 1000 hPa 的舱内压力时空气的温度;(b)必须增加或减少多少热量(等压的)以保持机舱的温度在 25 ℃?考虑空气为干空气。(337.5 K,需去除 9.5 cal $\cdot$ g^{-1} 的热量)

(4.2)一个 100 g 的干空气的样本具有 270 K 的初始温度,压力为 900 hPa。在等压过程中增加热量,体积膨胀了初始体积的 20%。求:(a)空气样本的最终温度;(b)增加的热量;(c)对环境做的功。(324 K,5427 J,1550 J)

(4.3)一个空气块由 p_i 移至 p_f。如果它的初始温度是 T_i,求(a)如果变化是绝热发生的,气块做的功或者对气块做的功;(b)如果变化是等温发生的,所做的功;(c)气块在(a)和(b)中位温的变化。

(4.4)1 mol 的干空气初始状态为 $T = 273$ K、$p = 1$ 个大气压,经过一个过程它的体积增加至 400 hPa 时初始体积的 4 倍。如果空气视为理想气体,且过程遵守 $pV^\eta = $ 常数 的定律,求:(a)η 的值;(b)最终气温;(c)内能变化,空气和环境之间做的功和交换的热量。仔细检查所求结果,并详细说明什么类型的过程能够生成这样的结果,这是一个现实的过程吗?(0.67,431 K,3286 J,3989 J,7275 J)

(4.5)假设在 15000 英尺高的山顶,其上和其下都没有云,如果温度是 -12 ℃,那么 3500 英尺高的温度将会是多少?(22.4 ℃)

(4.6)一个干空气块的体积为 10 L,温度为 27 ℃,气压为 1 个大气压。气块(a)等温压缩至体积为 2 L,且(b)绝热膨胀至体积为 10 L,在(p,V)图中,描述上述变化。在图上标识出每种情况下 p,V,T 的值。

(4.7)一个干空气的样本温度为 300 K,体积为 3 L,气压为 4 个大气压。该空气样本经历如下变化:(a)在等压条件下加热至 500 K,(b)在等容条件下冷却至 250 K,(c)在等压条件下冷却至 150 K,(d)在等容条件下加热至 300 K。(1)在(p,V)图中图形化描述每一项的变化,且标注每一次改变后气压和体积的最终值。(2)计算做的总功。(405.2 J)

(4.8)对于理想气体来说,在(p,V)图上什么线描述了 $U = $ 常数?

(4.9)理想气体经历如图 4.10 中两条曲线表述的从状态 1 到状态 2 的两种变换。哪一种变换(a)内能的变化更大?(b)吸收的热量更大。

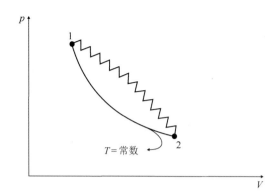

图 4.10 习题 4.9 的配图。理想气体经历图中所示从状态 1 到状态 2 的两种变换

(4.10)1 kg 的干空气在一个大气压下等压的由 20 ℃ 加热至 70 ℃,计算:(a)气体吸收的热量,(b)做的功,(c)内能的变化。(50250 J,14350 J,35900 J)

(4.11)氢气在 $p = 5$ 个大气压和 $T = 20$ ℃ 的状态下等压加热,直到其体积从 1 L 增加到 2 L,计算吸收的热量。(1773.4 J)

(4.12)在一个由活塞关闭的气缸内有 88 g 未知的双原子气体,温度为 0 ℃。气体被绝热压缩,直到它的体积等于初始体积的 1/10。内能的变化是 17158 J,求是什么气体。(二氧化碳)

(4.13)给出一个例子证明热传导是不可逆过程。

(4.14)在 $T=0$ ℃ 和 $p=1000$ hPa,1 g 的干空气在等容过程中吸收一定量的热量,可以观察到气压增加了 50 hPa,空气的温度改变了多少?吸收了多少热量?(13.6 ℃,2.33 cal)

(4.15)计算一个绝热气块的速度由 10 m·s^{-1} 变化至 25 m·s^{-1} 时比能的变化。(−262.5 J·kg^{-1})

第 5 章　热力学第二定律

热力学第一定律源于能量守恒原理。第一定律,尽管它的含义是不能创造或破坏能量,却对能量如何从一种形式转化为另一种形式没有任何限制。因此,根据第一定律,热可以转化为功,功可以转化为热,可以消耗内能做功等等。然而,如果没有其他的定律存在,第一定律将使某些在现实中永远不会发生的特定的现象出现。例如,考虑一个沉重的物体掉落在地上,可以观察到受此影响物体会增温。然而相反的,静止在地面上的物体在冷却时自行上升这种现象是不可能存在的。同样,目前还没有制造出任何发动机,可以从海洋中吸收热量,将其转化为功,然后驱动一艘船。上述两个例子与第一定律并不矛盾,因为可以消耗土壤或海洋的内能做功。这些现象的不可能是由于热力学第二定律,通常被誉为自然界的最高定律。将从下面的例子开始讨论这个定律。

5.1　卡诺循环

卡诺循环是一个热机,是一种从某种来源吸收一定量的热量,其中一部分热量转化为功的热机。热力学上,卡诺循环是由以下四个步骤组成的循环变换(图 5.1)。

第 1 步:可逆等温膨胀 $(1 \rightarrow 2)$,$T = T_1 =$ 常数;

第 2 步:可逆绝热膨胀 $(2 \rightarrow 3)$,$\theta = \theta_1 =$ 常数;

第 3 步:可逆等温压缩 $(3 \rightarrow 4)$,$T = T_2 =$ 常数;

第 4 步:可逆绝热压缩 $(4 \rightarrow 1)$,$\theta = \theta_2 =$ 常数,其中 $T_2 < T_1$,$\theta_2 < \theta_1$。

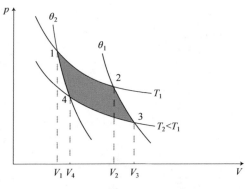

图 5.1　卡诺循环中的步骤

现在来计算,理想气体在这个循环中所做的功和吸收的热量。因为总的变换是循环变换,因此内能的变化是零,故将分别考虑每一步。

第一步

$$\Delta T = 0$$

$$W_{12} = \int_{V_1}^{V_2} p\, \mathrm{d}V = nR^* T_1 \int_{V_1}^{V_2} \frac{\mathrm{d}V}{V} = nR^* T_1 \ln \frac{V_2}{V_1}$$

$$\Delta U_{12} = C_V \Delta T = 0$$

$$Q_{12} = W_{12}$$

因为 $V_2 > V_1$,所以 $W_{12}, Q_{12} > 0$,说明在第一步中气体做功并从温度为 T_1 的热源吸收热量。

第二步

$$Q_{23} = 0$$

$$\Delta U_{23} = C_V(T_2 - T_1) < 0$$

$$W_{23} = -\Delta U_{23} = -C_V(T_2 - T_1) > 0$$

第三步

$$\Delta T = 0$$

$$W_{34} = \int_{V_3}^{V_4} p\, \mathrm{d}V = nR^* T_2 \ln \frac{V_4}{V_3}$$

$$\Delta U_{34} = 0$$

$$Q_{34} = W_{34}$$

因为 $V_4 < V_3$,所以 $W_{34}, Q_{34} < 0$,说明对气体做功并对温度为 T_2 的热源释放热量。

第四步

$$Q_{41} = 0$$

$$\Delta U_{41} = C_V(T_1 - T_2) > 0$$

$$W_{41} = -\Delta U_{41} = -C_V(T_1 - T_2) < 0$$

由以上可得做的总功为

$$W = W_{12} + W_{23} + W_{34} + W_{41}$$

$$= nR^* T_1 \ln \frac{V_2}{V_1} + nR^* T_2 \ln \frac{V_4}{V_3} \tag{5.1}$$

因为 $2 \rightarrow 3$ 和 $4 \rightarrow 1$ 的转换是绝热的,可以应用如下公式

$$T_1 V_2^{\gamma-1} = T_2 V_3^{\gamma-1}$$

和

$$T_1 V_1^{\gamma-1} = T_2 V_4^{\gamma-1}$$

上述两方程相除有

$$\frac{V_2}{V_1} = \frac{V_3}{V_4}$$

因此,式(5.1)可以写为

$$W = nR^* T_1 \ln \frac{V_2}{V_1} - nR^* T_2 \ln \frac{V_2}{V_1}$$

或

$$W = nR^* \left(\ln \frac{V_2}{V_1} \right) (T_1 - T_2)$$

在循环中吸收的总热量是

$$Q = Q_{12} + Q_{34} = W_{12} + W_{34} \tag{5.2}$$

或

$$Q = W = nR^* \left(\ln \frac{V_2}{V_1} \right) (T_1 - T_2) \tag{5.3}$$

为简便起见,将气体从 T_1 热源吸收的热量(如 Q_{12})表示为 Q_1,气体传输给 T_2 热源的热量(如 Q_{34})表示为 Q_2。因为 W 是循环包围的面积,因此 $W > 0$,那么由式(5.3)可得 $Q > 0$。因为 $W = Q_1 + Q_2$ 且 Q_2 是负值,因此在热源 T_1(较高的温度)被气体吸收的热量只有一部分可以转换成功,另一部分在 T_2(较低的温度)传递给热源。定义卡诺循环的效率 η 为 在 T_1 时气体做的功和吸收的热量的比例。

$$\eta = \frac{Q_1 + Q_2}{Q_1} = 1 + \frac{Q_2}{Q_1} (Q_1 > 0, Q_2 < 0)$$

由 Q_1 和 Q_2 的推导过程可知,上述比例如下

$$\eta = 1 + \frac{nR^* T_2 \ln \dfrac{V_4}{V_3}}{nR^* T_1 \ln \dfrac{V_2}{V_1}}$$

或

$$\eta = 1 - \frac{T_2}{T_1} \tag{5.4}$$

5.2 卡诺循环的意义

• 由式(5.4)可知,循环的热力学效率仅取决于两个热源的温度,当 $T_2 = T_1$ 时(即两个热源合为一个热源时)循环效率为零。因此,可以得出结论,通过只在一个热源下工作的热机做功是不可能的。这就是所谓的开尔文假设,也是热力学第二定律的一个表达式。另一种表述这一假设的方法是,要制造一台把热量转化为功的发动机,而不把一部分热量传递给较低温度的热源,是不可能的。这就解释了为什么地面上的石头不会上升到空中,也解释了为什么还没有发明出通过吸收海洋或空气中的热量而驱动一艘船或一辆汽车的机器。根据第二定律,除了暖源(海洋或空气)外,还需要第二种较冷的热源,而实际上并不存在。用"实际上"这个词是因为海

洋和大气的温度确实存在一些差异,例如,地面空气的温度比 5 km 处的空气温度高约 35 K,海表温度比 1 km 深度的海温高约 20 K。然而,在这两种情况下,卡诺效率均在 10% 左右。鉴于制造这样的引擎需要巨大的成本,这是非常低效的,另一方面,如果水平方向上的大气被认为是一个卡诺循环,在 $T_1 =$ 赤道温度和 $T_2 =$ 极地温度下运行,可以解释为什么在冬天环流更强,回顾一下

$$\eta = 1 + \frac{Q_2}{Q_1} = 1 - \frac{T_2}{T_1}$$

或

$$\frac{Q_1 + Q_2}{Q_1} = \frac{T_1 - T_2}{T_1}$$

如果将夏天视为一种极限的情况,$T_1 - T_2 \to 0$,那么在夏季 $Q_2 \to -Q_1$ 且 $\eta \to 0$。另一方面,如果将冬天视为另一种极限情况 $T_2 \ll T_1$,那么在冬天 $\eta \to 1$ 且 $Q_2 \to 0$。由此可见,这台"机器"在冬季的效率要高于夏季。因此,冬季大气给予冷源的热量要比夏季小。由于大气从暖源吸收的热量或多或少是恒定的(赤道温度变化很小),这意味着冬季大气中有比夏季更多的"剩余"热量可以转化为动能。

除了唯一的最终结果是从一个热源中吸收的热量转换成功这种不可能的类型,还有另一种类型的转换是不可能的。这种转换是指不做功就把热量从冷的物体转移到热的物体。这一现象是第一定律所允许的(因为冷的物体的热量损失将与热的物体获得的热量完全相等),但从未被观测到。当然,如果做功的话,热量从较冷的物体流向较热的物体的转换是可能的(如冰箱),这就引出了热力学第二定律的另一个表达,一种转化其唯一的最终结果是在给定温度下把热量从一个物体转移到一个温度更高的物体,这种转化是不可能的,这就是克劳修斯假设。很容易看出,这两个假设是等价的,是同一定律的两个表达式。为了证明这一点,下面将证明,如果克劳修斯是错的,那么开尔文也是错的,反之亦然。如果开尔文是错的,则可以把从一个热源中吸收的热量转化为功,然后可以把这个功(通过摩擦)转化为热量,用这些热量提升初始温度更高的物体的温度,这违反了克劳修斯的假设。如果克劳修斯是错误的,则可以从温度为 T_2 的源传输一定量的 Q_1 到温度为 T_1 的源($T_2 < T_1$),系统的状态没有发生其他的变化,那么借助卡诺循环的帮助,可以吸收这些热量,做功为 W。既然 T_1 源吸收和释放同样多的热量(Q_1),它最终没有改变。但是刚刚描述的过程的唯一最终结果就是把从温度为 T_2 的热源中提取的热量转化为功。这与开尔文的假设相反。

• 从效率的定义可得

$$\eta = 1 + \frac{Q_2}{Q_1} = 1 - \frac{T_2}{T_1}$$

$$\frac{T_2}{T_1} = -\frac{Q_2}{Q_1} \quad (Q_1 > 0, Q_2 < 0)$$

基于上述关系,卡诺循环的一个重要应用是,它给出了一个基于纯热力学参数的绝对温标(开尔文)的定义。对此只需要一个给定温度的值,冰的熔点就是一个例子。如果选择冰的熔点 $T_1 = 273\ ℃$,可以通过运行于热源 T_1(包括融化的冰)和热源 T_2 之间的卡诺循环来定义任何一个温度 T_2 的值。如果测量 Q_1 和 Q_2,那么可以应用上面的关系来计算 T_2。开氏温标的热力学定义可以给出一个绝对零度的热力学定义:绝对零度是尽管循环做功但是不吸收热量(如 $Q_2 = 0$)的一个热源(假定为卡诺循环中的冷源)的温度。

• 实际上,自然过程是不可逆的过程。然而,如果某些过程发生得非常慢,热损失足够小到不影响温度(假设摩擦力也可以忽略不计),那么结果将不会与完全可逆过程的结果有所不同,这种过程通常被称为部分可逆过程。另一方面,如果摩擦和热传导很重要,那么可逆的程度就会降低,在自然界中,可逆性的程度在几乎完全可逆和完全不可逆之间变化。

如果在热机中,增加了不可逆性的程度(例如,通过增加摩擦或直接的热泄漏),那么对于给定的热量做的功将减少。如果热损失继续增加,将得到一个完全不可逆的发动机。因此,热机的效率可以取 0(对应于完全不可逆的最差热机)到某个最大值(对应于完全可逆条件的最佳热机)。卡诺循环是一个完全可逆的循环,因此它效率最大,这就是卡诺定理,该定理指出,建造出在两个热源间运行的,效率高于在该相同热源间运行的卡诺循环效率的热机是不可能的。然而,这个最大值将不等于 1,因为这要求 $T_2 = 0\ \mathrm{K}$,这实际上是不可能的。由第 5.1 节可知

$$Q_1 = nR^* T_1 \ln \frac{V_2}{V_1}$$

且

$$Q_2 = nR^* T_2 \ln \frac{V_4}{V_3}$$

由此可见,

$$\frac{Q_1}{T_1} = nR^* \ln \frac{V_2}{V_1}$$

且

$$\frac{Q_2}{T_2} = -nR^* \ln \frac{V_2}{V_1}$$

或

$$\frac{Q_1}{T_1} + \frac{Q_2}{T_2} = 0 \quad (Q_1 > 0, Q_2 < 0) \tag{5.5}$$

考虑到式(5.4),对于可逆卡诺循环,可以把式(5.5)重写为

$$\frac{Q_1 \eta_{\mathrm{rev}}}{T_1 - T_2} + \frac{Q_2}{T_2} = 0$$

因为 Q_2/T_2 小于零,则 $Q_1\eta_{rev}/(T_1-T_2)$ 必须大于零。由于它们的总和必须等于零,正如上面所讨论的,η 的值对于完全可逆过程取最大值,因此对于不可逆过程 η 变得更小

$$\frac{Q_1\eta_{irrev}}{T_1-T_2}+\frac{Q_2}{T_2}<0$$

这证明了

$$\sum_{i=1}^{2}\frac{Q_i}{T_i}\leqslant 0$$

其中相等的情况适用于可逆过程。上面的论证可以推广到任何循环变换中,在这些循环变换中,系统在一系列温度为 $T_1,T_2,\cdots,T_N$ 下 (Fermi,1936) 吸收或释放热量,如果交换的热量是 $Q_1,Q_2,\cdots,Q_N$(系统吸热时为正,反之为负)可以表示为

$$\sum_{i=1}^{N}\frac{Q_i}{T_i}\leqslant 0$$

相等的情况同样适用于可逆过程。在 $N\to\infty$ 的极限下,上式的形式为

$$\oint\frac{\delta Q}{T}\leqslant 0 \tag{5.6}$$

在卡诺循环的帮助下,可以引入一个量,它对于可逆过程是一个全微分。这个量 $\delta Q/T$ 被定义为 dS,其中 S 是一个新的状态函数,称为熵。因为对于可逆过程,$\delta Q/T$ 是全微分,因此对于任何可逆转换 $i\to f$

$$\int_i^f\frac{\delta Q}{T}=\Delta S=S_f-S_i \tag{5.7}$$

换句话说,熵的变化只依赖于初始状态和最终状态,而不依赖于特定的变换,这一结论对第二定律的推导是最基本的。

由于 S 是一个状态函数,因此熵的变化是由温度和体积(或压力)的变化引起的。利用第一定律,对于可逆过程可得

$$dS=\frac{\delta Q}{T}=C_V\frac{dT}{T}+p\frac{dV}{T}$$

或

$$dS=C_V\frac{dT}{T}+nR^*\frac{dV}{V}$$

或

$$\frac{dS}{C_V}=\frac{dT}{T}+\frac{nR^*}{C_V}\frac{dV}{V}$$

或

$$\frac{dS}{C_V}=\frac{dT}{T}+(\gamma-1)\frac{dV}{V}$$

或

$$S_f = S_i + C_V \ln\left(\frac{T_f V_f^{\gamma-1}}{T_i V_i^{\gamma-1}}\right) \qquad (5.8)$$

式(5.8)给出了理想气体的熵变(由于采用了理想气体定律)是初始和最终的温度和体积的函数,因此,这种关系不能用于液体或固体。对于液体或固体 $C_V \equiv C_p = C$,可以说(但是不在这里讨论证明)在这种情况下熵的变化由温度的变化决定,对于液体或固体以及可逆过程

$$S_f - S_i = C \ln\frac{T_f}{T_i} \qquad (5.9)$$

5.3 更多关于熵的内容

以能量为例,选择一个随机平衡态 O 作为标准态,定义 S_O 为零,然后定义平衡态 A 的熵 S_A 为

$$S_A = \int_O^A \frac{\delta Q}{T}$$

这里积分是对可逆变换的积分。很容易看出,如果没有选择标准状态 O,而是选择了标准状态 O',那么状态 A 的熵就会与原始状态的熵相差一个增量的常数,由上式可得

$$S_A' = \int_{O'}^A \frac{\delta Q}{T}$$

由式(5.7)可得

$$S_A' = S_A - S_{O'}$$

或

$$S_A - S_A' = S_{O'}$$

因为 O' 是固定的,$S_{O'}$ 是常数,熵除了一个增量常数外也被定义了。在以能量为例的情况下,只要处理的是差值,而不是熵的实际值,就不会有问题。现在考虑图 5.2 中所示的循环转换。路径 $i \xrightarrow{R} f$ 表示可逆变换,路径 $f \xrightarrow{I} i$ 表示不可逆变换。由于对于任何循环 $\oint \delta Q/T \ll 0$,因此,

$$\oint_{iRfIi} \frac{\delta Q}{T} \leqslant 0$$

或

$$\left[\int_i^f \frac{\delta Q}{T}\right]_R + \left[\int_f^i \frac{\delta Q}{T}\right]_I \leqslant 0$$

既然 $i \xrightarrow{R} f$ 是可逆的,则有

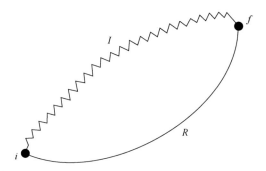

图 5.2　一个循环变换,包括从 i 到 $f(R)$ 的可逆部分和从 f 到 $i(I)$ 的不可逆部分

$$S_f - S_i = \left[\int_i^f \frac{\delta Q}{T} \right]_R$$

结合上述两式可得

$$S_f - S_i + \left[\int_f^i \frac{\delta Q}{T} \right]_I \leqslant 0$$

或

$$\left[\int_f^i \frac{\delta Q}{T} \right]_I \leqslant S_i - S_f$$

通过交换 i 和 f,可以得出对于任何过程

$$\int_i^f \frac{\delta Q}{T} \leqslant S_f - S_i \qquad (5.10)$$

或

$$\Delta S \geqslant \int_i^f \frac{\delta Q}{T} \qquad (5.11)$$

或

$$\mathrm{d}S \geqslant \frac{\delta Q}{T} \qquad (5.12)$$

这里相等的情况只适用于可逆过程。式(5.12)是热力学第二定律的一般表达式,它表示系统在给定的变化下能吸收的热量的上限是 $\delta Q = T\mathrm{d}S$。对于完全孤立系统 ($\delta Q = 0$),式 (5.10)可以转换为

$$S_f \geqslant S_i \qquad (5.13)$$

这是一个重要的结论,因为它表明,对于任何发生在孤立系统中的自发不可逆变换(即与外部影响无关的变换),最终熵大于初始熵。由此可知,当一个孤立系统达到最大熵状态时,由于任何变化都会使其熵减小,这样就与式(5.13)不符,因此不能进行任何进一步的变换。这样最大熵状态是一种稳定的平衡状态。需要注意的是,如果孤立系统由许多微观子系统组成,那么其中一些子系统是有可能减少它们的熵的,但仅能以其他子系统的熵增为代价,这些子系统的熵必须增加到足以使系

统的总熵增加的程度。一个完美的孤立系统是我们的宇宙(假设没有我们的宇宙可以与之相互作用的其他的宇宙存在),因此宇宙的熵随时间增加。式(5.10)—(5.12)和式(5.13)是热力学第二定律的基本数学表达式。

5.4 第二定律的特殊形式

根据上述对第二定律的定义,可以推导出它在下列特殊情况下的表达式。

- 有限等温转换 ($\Delta U = 0$)

由式(5.11)可得在这种情况下

$$\Delta S \geqslant \frac{1}{T}\int_i^f \delta Q$$

或

$$\Delta S \geqslant \frac{Q}{T}$$

或

$$\Delta S \geqslant \frac{W}{T} \tag{5.14}$$

- 绝热转换

利用式(5.12)可得

$$dS \geqslant 0 \tag{5.15}$$

- 等熵转换

等熵转换是熵不变的转换。在这种情况下,很明显(回顾式(5.12))

$$\delta Q \leqslant 0 \tag{5.16}$$

注意根据式(5.15)可逆绝热过程是等熵的。

- 等容转换

由第一定律可知,当 $dV = 0$ 则 $\delta Q = C_V dT$,因此对于等容转换

$$dS \geqslant C_V \frac{dT}{T}$$

或

$$\Delta S \geqslant C_V \ln \frac{T_f}{T_i} \tag{5.17}$$

- 等压转换

在这种情况下

$$\delta Q = C_p dT$$

因此

$$dS \geqslant C_p \frac{dT}{T}$$

或

$$\Delta S \geqslant C_p \ln \frac{T_f}{T_i} \tag{5.18}$$

由式(5.14)可知,不可逆的功增加了系统的熵。由式(5.17)可知,在不做功的情况下,熵的变化依赖于 T_f 和 T_i 之间的关系。

5.5　结合第一定律和第二定律

考虑如下形式的第一定律

$$\delta Q = C_p \mathrm{d}T - V\mathrm{d}p$$

结合上式和 $\mathrm{d}S \geqslant \dfrac{\delta Q}{T}$ 可得

$$T\mathrm{d}S \geqslant C_p \mathrm{d}T - V\mathrm{d}p$$

回顾 $C_p = \mathrm{d}H/\mathrm{d}T$,可以将上式简化为

$$T\mathrm{d}S \geqslant \mathrm{d}H - V\mathrm{d}p$$

或

$$\mathrm{d}H \leqslant T\mathrm{d}S + V\mathrm{d}p \tag{5.19}$$

类似地,由

$$\delta Q = C_V \mathrm{d}T + p\mathrm{d}V$$

可得

$$T\mathrm{d}S \geqslant \mathrm{d}U + \delta W$$

或

$$\mathrm{d}U \leqslant T\mathrm{d}S - p\mathrm{d}V \tag{5.20}$$

这里引进两个新函数:亥姆霍兹函数 $F = U - TS$ 和吉布斯函数 $G = H - TS = U + pV - TS$。因为 $S = S(T,V)$ 和 $U = U(T)$,可得 F 和 G 都是状态函数(即 $F = F(T,V)$,$G = G(T,V)$),因此是全微分。这些函数的优点是,它们可以以 (T, p)、(T,V) 组合的自变量,而不是 (S,p) 和 (S,V) 来表示方程(5.19)和(5.20)。在这种情况下,式(5.20)和式(5.19)可以写成:

$$\mathrm{d}F \leqslant -S\mathrm{d}T - p\mathrm{d}V \tag{5.21}$$

和

$$\mathrm{d}G \leqslant -S\mathrm{d}T + V\mathrm{d}p \tag{5.22}$$

上述函数的解释是,对于等温过程,$\mathrm{d}F \leqslant -\delta Q$ 或 $\mathrm{d}F \leqslant -\delta W$,这使 F 成为可以转换成功的可用的能量。G 在等温等压变换中的作用越来越明显。在这样的转化过程中(适用于相变,例如从水到水汽)$\mathrm{d}G = 0$,因此 G 是守恒的。关系式(5.19)—(5.22)通常被称为基本关系式。

5.6 第二定律的一些结果

温度的热力学定义

我们知道,积分 $\int_i^f \delta Q$ 取决于从 i 到 f 的路径,而不只是 i 和 f 的状态。在这一章里,给出了积分 $\int_i^f \delta Q/T$ 只依赖于初始态和最终态,而与从 i 到 f 的特定路径无关。因此 $1/T$ 是使得 δQ 为一个全微分的积分因子。从热力学的角度来看,温度是可逆过程中热量微分的积分因子的倒数。

热力学的统计性质

m 克干空气在恒压条件下从 T_1 到 $T_2(T_1 > T_2)$ 的可逆冷却过程中的熵变为

$$\Delta S = \int_{T_1}^{T_2} \frac{\delta Q}{T}$$

由于 $p = $ 常数,有 $\delta Q = mc_{pd}\mathrm{d}T$,其中 c_{pd} 是干空气的比热容。可得

$$\Delta S = \int_{T_1}^{T_2} mc_{pd}\frac{\mathrm{d}T}{T}$$

或者假设 c_{pd} 不随温度发生显著的变化

$$\Delta S = S_{T_2} - S_{T_1} = mc_{pd}\ln\frac{T_2}{T_1}$$

因为 m 和 c_{pd} 大于零且 $\ln\dfrac{T_2}{T_1} < 0$,所以 $\Delta S < 0$,因此在冷却过程中熵下降,这种下降并不违反第二定律。即使干燥的空气的熵下降,提供热量的环境也发生了正的熵变,所以系统的总熵变化是正的。可以扩展上面的论证来说明,当温度下降时熵也会下降(或者当温度上升时熵也会上升)。问题是为什么会这样,它的物理意义是什么?动力学理论为上述现象提供了一种解释,根据该理论,在非常低的温度下,随着分子在空间中或多或少的均匀分布,分子的运动非常缓慢。可以假定在绝对零度达到完全的、高度的有序(静止的分子均匀分布),随着温度升高,分子的运动增加,分子的秩序很快就被破坏了。结合上述结论,可以把熵和有序或无序联系起来。即熵的减少意味着有序性增加,熵的增加意味着无序性增加。这个关系说明了熵的含义,这个词在希腊语意味着"内在行为"($\varepsilon\nu\tau\rho o\pi\iota\alpha$)。现在如果这样的联系是正确的,应该能够找到一个定义无序的量,在数学上与熵有关。

假设体积为 V 的容器由 A 和 B 两部分组成,有 N 个粒子在其中运动。用 N_1 表示 A 室的粒子数,用 N_2 表示 B 室的粒子数。由统计学可知,A 室中有 N_1 个粒子,B 室中有 N_2 个粒子的不同组合方式的数量 P 为

$$P = \frac{N!}{N_1! \ N_2!} \tag{5.23}$$

现在考虑图 5.3 所示的两种情况。在第一种情况下,所有的粒子都出现在 A 中(图 5.3(a)),而在第二种情况下,所有的粒子都遍布在容器中(图 5.3(b))。第一种情况($N_1=N, N_2=0$)显然比第二种情况(可以假设为 $N_1=N_2=N/2$)更有序。将式(5.23)应用于两种情况可得

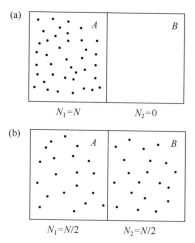

图 5.3 (a)中的情况比(b)中的情况更有序,组合的数目更少,
因为(b)中组合的数目和无序度都增加了

例 1: $$P = \frac{N!}{N! \ 0!} = 1$$

例 2: $$P = \frac{N!}{N/2! \ N/2!} \gg 1$$

因此,能够看到有一个测量值 P(通常称为组合数),它随着无序度的增加而增加。如果将第一种情况作为初始状态,第二种情况作为最终状态,可以得出结论(因为 $i \rightarrow f$ 是不可逆过程),随着熵的增加,P 增加。所以 P 可能是把无序和熵联系起来的一个备选项,但是怎样才能找到它们的函数关系呢?

这种关系(最出色但最简单的关系之一)是由玻尔兹曼推导的(Fermi,1936)。从上面可以看到,随着 S 的增加,P 也增加,反之亦然,下面从如下形式的一般关系开始

$$S = f(P)$$

接下来,考虑一个由两个子系统组成的系统,令 S_1 和 S_2 为熵,P_1 和 P_2 为相应的组合数,那么 $S_1 = f(P_1)$ 和 $S_2 = f(P_2)$。对于整个系统,可以这样写

$$S = S_1 + S_2$$

且

$$P = P_1 P_2$$

或

$$f(P_1 P_2) = f(P_1) + f(P_2)$$

如函数 f 遵循函数方程

$$f(xy) = f(x) + f(y)$$

由于上面的方程对 x 和 y 的所有值都成立,则可以取 $y = 1 + \varepsilon, \varepsilon \ll 1$,然后可以写成

$$f(x + x\varepsilon) = f(x) + f(1 + \varepsilon) \tag{5.24}$$

利用泰勒定理对方程两边展开,并忽略一阶以上的项可得

$$f(x) + x\varepsilon f'(x) = f(x) + f(1) + \varepsilon f'(1) \tag{5.25}$$

式中 f' 为一阶导数,对于 $\varepsilon = 0$ 由式(5.24)可得 $f(1) = 0$。 因此,式(5.25)简化为

$$x\varepsilon f'(x) = \varepsilon f'(1)$$

或

$$x f'(x) = f'(1)$$

因为 $f'(1)$ 是在 1 处取值的导数,所以它是常数,因此

$$x f'(x) = k$$

或

$$f'(x) = \frac{k}{x}$$

或

$$f(x) = \int \frac{k}{x} \mathrm{d}x$$

或

$$f(x) = k \ln x + 常数$$

或通过 $x \to P$ 的变化

$$S = k \ln P + 常数 \tag{5.26}$$

这个方程把序和熵联系起来,构成了统计力学和热力学之间的基本关系,从而使热力学具有统计学性质。

熵和位温

回想一下,位温 θ 由以下方程给出

$$\theta = T \left(\frac{1000}{p} \right)^{R/c_p}$$

通过对等式两边取对数,可以得到

$$\ln\theta = \ln T + \frac{R}{c_p} \ln 1000 - \frac{R}{c_p} \ln p$$

或

$$c_p \, \mathrm{d}\ln\theta = c_p \, \mathrm{d}\ln T - R \, \mathrm{d}\ln p \tag{5.27}$$

由第一定律可得

$$\delta Q = C_p \, \mathrm{d}T - V \, \mathrm{d}p$$

或

$$\frac{\delta Q}{T} = C_p \frac{\mathrm{d}T}{T} - V \frac{\mathrm{d}p}{T}$$

或

$$\frac{\delta Q}{T} = C_p \frac{\mathrm{d}T}{T} - mR \frac{\mathrm{d}p}{p}$$

或(对于可逆过程)

$$\mathrm{d}s = c_p \frac{\mathrm{d}T}{T} - R \frac{\mathrm{d}p}{p} \tag{5.28}$$

式中 $\mathrm{d}s$ 是比熵。结合式(5.28)和(5.27)可得

$$\mathrm{d}s = c_p \, \mathrm{d}\ln\theta \tag{5.29}$$

或

$$s = c_p \ln\theta + 常数 \tag{5.30}$$

因此,除了一个增量常数外,系统的比熵是由位温的对数给出。当 θ 保持不变时熵保持不变。因此可逆绝热过程是等熵的,对于不可逆绝热过程 $\mathrm{d}s > 0, \mathrm{d}\theta = 0$。在这种情况下,熵的增加来自不可逆的功(例如,摩擦引起的动能耗散)。因此等熵过程是绝热的,但绝热过程不一定是等熵的。

大气运动

图5.4 显示了在纬度 λ 附近所假想的高层流动。沿着纬度线的辐射平衡温度 $T_{RE}(\lambda)$ 被假设是相等的。如果运动完全是纬向的(即平行于纬圈),就可以实现这种热结构,因为气团有无限的时间来调整到局部热平衡。如果在位置 1 一个气块随气流移动,则存在两种可能性,如果运动非常缓慢,气块有时间与其周围环境达到平衡,那么它的温度与 T_{RE} 的差别是无穷小的。因此,可以假设沿气块轨迹的热传导是可逆的。对于位置 1 和 2 有

$$\int_1^2 c_p \, \mathrm{d}\ln\theta = \int_1^2 \mathrm{d}s = \int_1^2 \frac{\delta q}{T}$$

如果假设 δq 只依赖气块的温度(例如, $\delta q = Tf(T)$),那么可以把上面的方程写成

$$\int_1^2 c_p \, \mathrm{d}\ln\theta = \int_1^2 \mathrm{d}f(T) = f(T_2) - f(T_1)$$

因为 $T_2 = T_1 = T_{RE}$ 则上述关系可以简化为

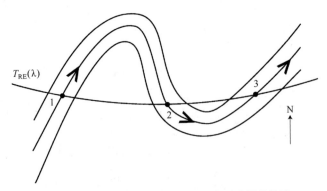

图 5.4　一个假想的高层气流和气块所遵循的轨迹

$$\int_1^2 c_p \, \mathrm{d}\ln\theta = 0$$

或

$$\theta_2 = \theta_1$$

这样,当它回到原来的纬度时,就恢复到它最初的热力学状态。因为 θ 取决于 p, p 取决于高度,因此在缓慢运动的条件下,持续穿越初始纬度导致零净垂直运动和零热传导。

另一方面,如果运动速度足够快,不能假定是可逆的,则

$$\int_1^2 c_p \, \mathrm{d}\ln\theta < \mathrm{d}s \neq 0$$

那么 $\theta_2 \neq \theta_1$。 在这种情况下,当气块返回到初始纬度,它的垂直方向上位置发生变化,净热传导也不为零。大气中不可逆性引起的垂直运动对维持经向环流、热量和湿传导等起着重要作用。

例题

(5.1)想象一个体积 V 被一个隔离物分成两个更小的体积 V_1 和 V_2。 假设温度 T_1 的 m_1 克的理想气体占据体积 V_1,温度 T_2 的 m_2 克的另一种理想气体占据体积 V_2。 然后隔离物被移除。如果定容条件下气体的比热容分别是 c_{V_1} 和 c_{V_2},求:(a)混合物的极限温度;(b)每种气体和整个系统的熵变。

(a)假设当两种气体交换热量并做功时,系统作为一个整体不与周围环境交换热量且体积保持不变($V = V_1 + V_2$)。换句话说,对于整个系统,混合过程是绝热的,不做功,因此 $\Delta U = 0$。 混合前的总内能为 $C_{V_1} T_1 + C_{V_2} T_2$,混合后的总内能为 $C_{V_1} T + C_{V_2} T$ (这里利用近似 $U \approx C_V T +$ 常数,然后忽略常数)。因为 $\Delta U = 0$,所以

$$C_{V_1} T_1 + C_{V_2} T_2 = C_{V_1} T + C_{V_2} T$$

可以推导出

$$T = \frac{C_{V_1}}{C_{V_1} + C_{V_2}} T_1 + \frac{C_{V_2}}{C_{V_1} + C_{V_2}} T_2 \tag{5.31}$$

考虑到 $C_{V_1} = c_{V_1} m_1$ 且 $C_{V_2} = c_{V_2} m_2$，式(5.31)转换为

$$T = \frac{c_{V_1} m_1}{c_{V_1} m_1 + c_{V_2} m_2} T_1 + \frac{c_{V_2} m_2}{c_{V_1} m_1 + c_{V_2} m_2} T_2$$

（b）由式(5.8)和熵的可加性可知，对于每一种气体，总熵的变化量是气体仅温度变化引起的熵变化量和气体仅体积变化引起的熵变化量之和，即：

$$\Delta S_1 = \Delta S_{1T} + \Delta S_{1V}$$

$$\Delta S_2 = \Delta S_{2T} + \Delta S_{2V}$$

ΔS_{1T}，ΔS_{1V}，ΔS_{2T} 和 ΔS_{2V} 的下限由下式给出（回顾方程(5.8)）

$$\Delta S_{1T} = C_{V_1} \ln \frac{T}{T_1}$$

$$\Delta S_{2T} = C_{V_2} \ln \frac{T}{T_2}$$

$$\Delta S_{1V} = C_{V_1} \ln \left(\frac{V_1 + V_2}{V_1} \right)^{\gamma_1 - 1} = m_1 R_1 \ln \frac{V_1 + V_2}{V_1}$$

和

$$\Delta S_{2V} = C_{V_2} \ln \left(\frac{V_1 + V_2}{V_2} \right)^{\gamma_2 - 1} = m_2 R_2 \ln \frac{V_1 + V_2}{V_2}$$

式中 R_1 和 R_2 是两种气体的比气体常数，对于整个系统总的熵变的下限是

$$\Delta S = \Delta S_1 + \Delta S_2$$

或

$$\Delta S = (\Delta S_{1T} + \Delta S_{2T}) + (\Delta S_{1V} + \Delta S_{2V}) = \Delta S_T + \Delta S_V$$

或

$$\Delta S = \left[c_{V_1} m_1 \ln \frac{T}{T_1} + c_{V_2} m_2 \ln \frac{T}{T_2} \right]$$

$$+ \left[m_1 R_1 \ln \frac{V_1 + V_2}{V_1} + m_2 R_2 \ln \frac{V_1 + V_2}{V_2} \right] \tag{5.32}$$

在式(5.32)中右侧的第二项(ΔS_V)必然是大于零的，当 $T_1 = T_2$ 时第一项(ΔS_T)或为正或为零(见习题 5.13)。因此对于整个系统 $\Delta S > 0$，根据式(5.12)说明这是不可逆过程，证明了混合是不可逆的。

（5.2）如果比熵减小 $0.05\ \mathrm{J \cdot g^{-1} \cdot K^{-1}}$ 时，气温降低 5% 时，计算气压的变化。

假设过程是可逆的，则有

$$\mathrm{d}S = C_p \frac{\mathrm{d}T}{T} - \frac{V}{T} \mathrm{d}p$$

$$= C_p \frac{\mathrm{d}T}{T} - nR^* \frac{\mathrm{d}p}{p}$$

由于没有任何关于这个过程中所涉及的空气质量的信息,可以把上式写为单位质量:

$$\mathrm{d}s = c_p \frac{\mathrm{d}T}{T} - R \frac{\mathrm{d}p}{p}$$

或

$$\frac{\mathrm{d}p}{p} = \frac{c_p}{R} \frac{\mathrm{d}T}{T} - \frac{\mathrm{d}s}{R}$$

或将空气考虑为干空气

$$\ln \frac{p_f}{p_i} = \frac{1005}{287} \ln \left(\frac{0.95 T_i}{T_i} \right) - \frac{(-50)}{287}$$

或

$$p_f = 0.994 P_i$$

压力将会降低 0.6% 左右。

(5.3) 在例题 4.3 中,三种变换中每一种的熵变是多少?

(a) 第一种变换是等温可逆压缩。因此,

$$\Delta S = \int_i^f \frac{\delta Q}{T} = \frac{1}{T} \int_i^f \delta Q = \frac{Q}{T} = nR^* \ln \frac{V_f}{V_i} = nR^* \ln \frac{p_i}{p_f}$$

(b) 第二种转换由两个分支组成。第一个是可逆绝热变换,因此,第一个分支的熵变为零。第二个分支是等压可逆压缩,因此,第二种变换的熵变为(回想一下,由于 T_i 和 T_f 处于相同的等温线 $T_i = T_f = T$)

$$\Delta S = \int_m^f \frac{\delta Q}{T} = C_p \int_m^f \frac{\mathrm{d}T}{T} = C_p \ln \frac{T_f}{T_m} = C_p \ln \frac{T_i}{T_m}$$

$$= C_p \ln \left(\frac{p_f}{p_i} \right)^{\frac{1-\gamma}{\gamma}}$$

$$= -nR^* \ln \frac{p_f}{p_i}$$

$$= nR^* \ln \frac{p_i}{p_f}$$

(c) 第三种变换也包括两个分支:一个是可逆等容变换和一个可逆等压变换。总熵变是两个分支熵变的总和

$$\Delta S = \Delta S_1 + \Delta S_2 = \int_i^{m'} \frac{\delta Q}{T} + \int_{m'}^f \frac{\delta Q}{T}$$

$$= \int_i^{m'} C_V \frac{\mathrm{d}T}{T} + \int_{m'}^f C_p \frac{\mathrm{d}T}{T}$$

$$= C_V \ln \frac{T_{m'}}{T_i} + C_p \ln \frac{T_f}{T_{m'}}$$

在转化过程中 $p_i V_i = nR^* T_i$ 和 $p_f V_i = nR^* T_{m'}$,因此

$$T_{m'} = \frac{p_f}{p_i} T_i$$

如果将上式中的 $T_{m'}$ 的值替换可得

$$\Delta S = C_V \ln \frac{p_f}{p_i} + C_p \ln \frac{T_f}{T_i} \frac{p_i}{p_f}$$

因为 $T_f = T_i = T$，由此可得

$$\Delta S = C_V \ln \frac{p_f}{p_i} + C_p \ln \frac{p_i}{p_f}$$

或

$$\Delta S = nR^* \ln \frac{p_i}{p_f}$$

因此，在所有的转换中，熵变是一样的。

习题

(5.1)由热力学第一定律证明，$\delta Q / T$ 是一个全微分。

(5.2)推导可逆过程的麦克斯韦关系

$$\left(\frac{\partial T}{\partial V}\right)_S = -\left(\frac{\partial p}{\partial S}\right)_V$$

$$\left(\frac{\partial S}{\partial V}\right)_T = \left(\frac{\partial p}{\partial T}\right)_V$$

$$\left(\frac{\partial T}{\partial p}\right)_S = \left(\frac{\partial V}{\partial S}\right)_p$$

$$\left(\frac{\partial S}{\partial p}\right)_T = -\left(\frac{\partial V}{\partial T}\right)_p$$

(5.3)求在给定温度和压力下，在封闭的容器中体积膨胀至初始体积两倍的干空气的比熵变化的下限。（200 J·K⁻¹·kg⁻¹）

(5.4)等焓线在 (p, V) 图中的形式是什么？

(5.5)$T = 0$ ℃ 和 $p = 1$ atm 的干空气等熵压缩，直到其压力变为 10 个大气压，求最终温度。（527.5 K）

(5.6)在卡诺循环中，每种转换的面积对应于如下做功(a)等温膨胀：31165 J，(b)绝热膨胀：21517 J，(c)等温压缩：24282 J，(d)绝热压缩：21517 J。计算(1)在每个循环中暖源提供给气体的热量，(2)循环的效率。（6883 J，0.22）

(5.7)1 mol 理想气体在 273 K 时体积为 5 L。如果它在真空膨胀，直到它的体积变成 20 L，那么熵变的下限和吉布斯函数变化的上限是多少？（11.5 J·K⁻¹，−3146 J）

(5.8)一个固定的体积为 $2V$ 的容器用隔板分成两个相等的体积 V。在相同温

度 T 下,每个体积中包含相同数量的相同气体。利用玻尔兹曼对熵的表达式,说明去除隔板后,熵的变化为零。如果两个体积中的温度不同,你会怎么解这个问题?使用近似 $\ln N! = N\ln N - N$。

(5.9)在热力学过程中,大气中一个干空气块被抬升,使它的压力从 1000 hPa 下降到 800 hPa,而它的温度保持不变,计算气块比熵的变化。(64 J·kg^{-1}·K^{-1})

(5.10)在一个过程中,一个干空气块从 900 hPa 下降到 950 hPa,它的比熵降低了 30 J·kg^{-1}·K^{-1}。如果它的初始温度是 273 K,那么(a)它的最终温度是多少?(b)它的最终位温是多少?(269 K,273 K)。

(5.11)证明在等压层上的气流,温度的相对变化(即原始值变化的百分比)等于位温的相对变化。

(5.12)较冷的空气在较热的表面流动,表面气压会发生什么变化?(提示:习题5.11 的条件不适用于此处。)

(5.13)证明式(5.32)右边第一项除了 $T_1 = T_2$ 时等于 0,其余情况下大于 0。(提示:定义 $b = C_{V_1}/C_{V_2}$ 和 $x = T_2/T_1$,并求出 $f(x) = \Delta S_T/C_{V_1}$ 的一阶和二阶导数)。

(5.14)试着解释为什么热力学第二定律暗示着一个正向的时间箭头(即时间只向前走)。

(5.15)考虑两个相距很远的孤立系统。它们都发生了相同的不可逆变换。它们的熵变会一样吗?

(5.16)在等熵过程中,干空气的比容从 300 cm^3·g^{-1} 增加到 500 cm^3·g^{-1}。如果初始温度是 300 K,最终的 T 和 p 是多少?(244.5 K,1404 hPa)

(5.17)在 (p,V) 图中,用几何方法证明式(5.2)。

第6章 水及其转换

上一章推导的基本方程只能适用于均一(即只涉及一个相)的封闭系统(即不交换质量的系统)。在这种情况下,不需要明确热力学函数与系统组分的关系,只需要知道两个自变量(T 和 p,或者 p 和 V,或者 p 和 T)。由于总质量(m)保持不变,如果知道单位质量广义变量的值,可以通过乘以 m 或 n(摩尔数)把方程推广到任何质量。

非均质系统包含不止一个相态。在这种情况下,关心的是相态之间的内部平衡条件。即使异质系统被假定为(作为一个整体)一个封闭的系统,各相态组成的同质但开放的"子系统"相互之间可以交换质量。在这种情况下,基本方程必须包含额外的项来考虑质量交换,这些额外的项包括称为化学势的函数 $\mu,\mu = \mu(T,p)$。这里不会去描述定义 μ 的细节,只需要知道在开放系统的情况下,必须考虑其他一些项来解释系统的非均质性。在这本书中,关注的是一个包括干空气(N_2, O_2, CO_2, Ar)和水的非均质系统,其中水存在于水汽或凝结相(水或冰)之一。系统的一个组成部分是干空气(假设它始终保持不变并处于气态),另一个组成部分是水,它可以存在于两相中。因此,干空气是一个封闭系统,水的两个相态是两个开放系统。由干空气、水汽、液态水和冰组成的系统非常不稳定,因此很难平衡。

6.1 水的热力学特性

在这一节中,把干空气放在一边,将集中讨论由水汽和凝结相之一组成的单组分非均质系统"水"。水汽,像干空气一样,可以被当作理想气体来处理。因此,水汽符合状态方程,如果它单独存在,它的状态将由两个自变量决定。然而,当水汽与液态水或冰共存时,事情就变得有点复杂了(或者根据不同的观点变得不那么复杂了)。在这种情况下,混合物不构成理想气体,适用于理想气体的方程不适用。一个相态需要两个自变量(p 和 T),另外一个相态需要再增加两个自变量(p' 和 T'),相态之间的平衡需要 $p = p'$ 和 $T = T'$。然而,因为每个开放子系统的质量不是常数,另一个平衡的标准必须考虑进来。这一标准由 $\mu = \mu'$ 给出,表示代表质量交换的平衡项。因此,要使两个相态达到平衡,必须满足下列三个限制条件:

$$p = p'$$
$$T = T'$$
$$\mu = \mu'$$

前两个方程将自变量的数目减少到两个(如 p 和 T),通过第三个方程 $\mu = \mu(p,$

$T)=\mu'(p',T')=\mu'(p,T)$ 又减少了一个自变量。因为 $\mu(p,T)=\mu'(p,T)$，所以 $p=f(T)$。因此，如果确定了相态处于平衡状态时的温度，压力的值也就确定了。这定义了两相态之间能存在平衡的曲线。总结一下，在一个包含两相平衡的单组分系统中，自变量（也称为自由度）的数量是 1，而不是 4。

现在需要考虑一个包含所有相态（气态、液态、固态）的单组分系统。遵循与上述相同的论证，为达到平衡，必须满足以下约束条件：

$$p=p'=p''$$
$$T=T'=T''$$
$$\mu=\mu'=\mu''$$

前两个方程将自变量的数目从 6 减少到 2。第三个等式的第一个等式又减少了 1 个自变量，第二个等式又再减少了一个自变量。零自变量意味着所有的值都是固定的，这意味着在 p,V,T 的状态空间中，平衡状态下所有相共存在一个点，称为三相点。因此，相的数目越多，自由度就越小。Gibbs 提出的公式将上述公式一般化了，在一个包含 C 种不同的且不发生反应的组分、含有 P 个相态的非均质系统中有 N 个自变量

$$N=C+2-P \tag{6.1}$$

图 6.1 给出了水的三相点以及表示相变平衡的 曲线 $p=f(T)$。将这三种平衡称之为蒸发（气体↔液体）、融化（液体↔冰）和升华（气体↔固体）。沿着蒸发和升华的曲线，水汽分别与水和冰平衡，因此，这些曲线提供了水和冰的平衡水汽压。与凝结态相平衡的水汽常称为饱和水汽，相应的平衡水汽压称为饱和水汽压，这两个术语之间没有真正的区别，需要注意的是，蒸发曲线延伸到三相点以下的温度对应过冷水，过冷水上的水汽压大于冰上的水汽压，这是一种过冷水和水汽共存的亚稳态平衡，由于温度和压力的微小变化，过冷水和水汽组成的系统可能成为稳定的，但系统中出现了冰将使该系统不再稳定，导致水发生冻结。三相点对应 $p_t=6.11$ hPa，$T=273$ K（更准确地说，是 273.16 K），由于液态水、冰、水汽的密度不同，三相点处液态水、冰、水汽的比容 a_w、a_i、a_v 分别为

$$a_w=1.000\times10^{-3}\ \text{m}^3\cdot\text{kg}^{-1}$$
$$a_i=1.091\times10^{-3}\ \text{m}^3\cdot\text{kg}^{-1}$$
$$a_v=206\ \text{m}^3\cdot\text{kg}^{-1}$$

图 6.1 中一个有趣的特征是，蒸发曲线在 C 点处结束，在这里温度（T_C）是 374 ℃，压力（p_C）近似为 2.21×10^5 hPa。超过这个临界点，没有线可以分离液态水和水汽。换句话说，超出 C 点之外，液相和气相之间没有间断。这表明在 C 点之外，无法区分液相和汽相。为了理解临界点 C 的意义，则考虑在临界点 C 以下，代表水汽样本的温度和气压的点 A。如果在保持温度恒定的情况下压缩体积则压力增加，达到点 A_1 的气压，开始凝结。类似地，如果保持压强不变，冷却气体直到它的温度降至点

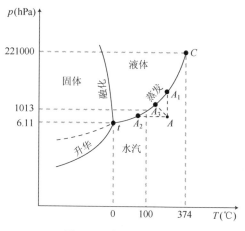

图 6.1　水的相变平衡

A_2 的温度,气体就会冷凝。显然,如果采取 AA_3 所描述的任何中间过程,气体都将凝结。因此,气体有三种方式可以变成液体,要么在恒压下冷却,要么在恒温下压缩,要么同时压缩和冷却,这三种方法都需要越过平衡线。蒸发曲线是有终点的这一事实意味着,在 T_c 以上,不能通过在恒定温度下压缩气体来液化它,而在 p_c 以上,不能通过在恒定压力下冷却气体来液化它。因为在大气中温度和压力远低于关键点,水汽可以凝结。对于大气中的其他气体(N_2、O_2、Ar)关键温度非常低(分别为 $-147\ ℃$、$-119\ ℃$、$-122\ ℃$),所以它们不凝结。

现在考虑一下 (p, V) 图中沿着等温线的相变。这种图称为阿马伽-安德鲁斯图(Amagat- Andrews 图),如图 6.2 所示。从图 6.1 中 A 点对应的水汽样本开始(其温度 T_1 和压力 p_1 大于三相点的温度 T_t 和压力 p_t)。如果等温压缩水汽,压力会增加直到达到 A_1 点,在该点液态水和水汽共处于平衡状态,这意味着一些水汽已经凝结成液态水,而液态水和水汽处于平衡状态。现在如果进一步压缩水汽会发生什么?由于位于平衡曲线上,水汽的压强仅取决于温度,因此,由于相变是等温的,只要液体和水汽共存,体积的进一步减小就不能改变压力。这里不要混淆,理想气体定律并不适用于混合物。因此,如果继续压缩水汽,会观察到更多的水汽凝结形成液态水(液态水和水汽总是处于平衡状态),直到到达所有蒸汽都凝结的点 B。这部分将在 (p, V) 图中由水平(恒定 p)线 A_1B 代表。A 进一步地(微小地)压缩使液态水的压力迅速增加(由于液态水的低可压缩性),这部分由线段 BB_1 表示。完整的等温线在图 6.2 中由 AA_1BB_1 表示。

对于较高的温度,可以观察到等温线的水平延伸减小,直到减小到某一点,这是点 C 对应的临界状态 T_c, p_c, V_c。临界温度以上的等温线为无不连续单调递减函数,它们变成了等边双曲线,即理想气体的表现形式。当温度低于 T_1 时,等温线的水平延伸增加。图 6.2 中,实线连接了水平延伸的起点和终点,这条线加上临界等温

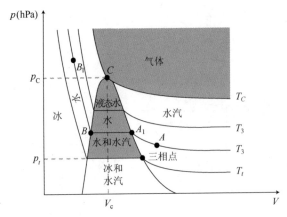

图 6.2 阿马伽-安德鲁斯图

线和对应于三相点温度(T_t)的等温线把图分成六个区域:水汽、气体、液态水、冰、液态水加水汽、冰加水汽。从图上可以看出,在 T_C 以上,没有气体和水汽两相之间的代表存在凝结的不连续线。

6.2 平衡相变——潜热

在进行没有相态变化的等压转换的均质系统中,交换的热量与温度的变化成正比(比例常数为 C_p)。对于包含两相的非均质系统,可以说当两相处于平衡时,一个固定的温度意味着固定的压力,说明等压变换同时也是等温变换。因此,即使两相的质量发生了变化,系统的温度却没有变化(回顾一下图 6.2 中的水平延伸),在这种情况下,交换的热量只取决于质量的变化(它改变了每个子系统的内能)和由于可能的体积变化所做的功(体积能发生变化,是因为混合物遵循理想气体定律)。根据定义,变换的潜热 L 是系统在等压相变过程中吸收(或释放)的热量

$$L = Q_p = 常数$$

通过焓的定义 $H = U + pV$,对这个方程求导得到 $dH = dU + p\,dV + V\,dp$。由于相变发生在恒压条件下,因此 $dH = dU + p\,dV$。根据第一定律,方程的右边等于 δQ,由此可见:

$$L = \Delta H \tag{6.2}$$

因此,相变的潜热就是相变过程中焓的变化。蒸发(液态水↔水汽)、融化(冰↔液态水)和升华(冰↔水汽)的潜热分别表示为 L_v、L_f 和 L_s。注意在变换过程中吸收热量的话,潜热为正(液态水→水汽,冰→液态水,冰→水汽),释放热量(水汽→液态水,液态水→冰,水汽→冰)则为负。L_v、L_f、L_s 也分别称为蒸发焓、融化焓、升华焓,根据上述描述

$$L_v = H_v - H_w = U_v - U_w + p_{wv}(V_v - V_w)$$

$$L_f = H_w - H_i = U_w - U_i + p_{wi}(V_w - V_i) \tag{6.3}$$
$$L_s = H_v - H_i = U_v - U_i + p_{vi}(V_v - V_i)$$

这里 p 代表两相之间的平衡气压,在三相点 $p_{wv} = p_{vi} = p_{wi} = 6.11\ \text{hPa}$,由此可见,在三相点处比潜热 l_v、l_f 和 l_s 满足关系式 $l_s = l_f + l_v$。 显然,潜热与温度有关,见表 A.3。然而,对流层观测到的温度范围并没有显著的变化,因此,人们常假定潜热与温度无关。很容易证明热力学第一定律在相态等压变化的情况下可以写成 $\Delta U = L - p\Delta V$。 对于融化 $dV \approx 0$,对于蒸发和升华 $\Delta V = V_{水汽} - V_{液态水或冰} \approx V_{水汽}$。 因此,第一定律简化为

对于融化 $\qquad\qquad\qquad \Delta U = L$

对于蒸发或升华 $\qquad\qquad \Delta U = L - mR_v T \tag{6.4}$

式中 R_v 是水汽的气体常数。

6.3　克劳修斯-克拉珀龙方程(C-C)方程

为避免太多的下标发生混淆,将对符号进行一些修改。从现在开始,将水汽压表示为 e,在相变过程中,水面的平衡(饱和)水汽压表示为 e_{sw},冰面的平衡水汽压表示为 e_{si}。

对于理想气体,可以看到状态方程 $p = f(V, T)$ 怎样联系起气压、温度和体积的变化。对于包含两个相态的非均质系统,则可以看到 $p = e_s = f(T)$。 这是否表明对于非均质系统也存在类似于理想气体状态方程的关系式?

让我们考虑图 6.2 中等温线 T_1 所描述的变换,将注意力集中在线段 $A_1 B$ 上。由 A_1 到 B 发生了一次相变(水汽→液态水)。如前所述,A_1 和 B 之间水汽与液态水处于平衡状态且 $p = e_{sw} = f(T)$。 因此,任何状态变量或函数都是且仅是温度的函数。假设在 C 点(图 6.3),液相质量为 m_w,水汽相的质量为 m_v。 那么系统在 C 点的总体积和内能是

$$V = m_w a_w + m_v a_v$$
$$U = m_w u_w + m_v u_v$$

式中 a_w, a_v, u_w, u_v 是两相的比容和内能,现在假设系统从 C 移动到 C',这个变化对应于体积的变化 dV,并导致质量为 dm 的液态水蒸发,点 C' 的体积将是

$$V + dV = (m_w - dm)a_w + (m_v + dm)a_v$$

或利用上述方程

$$dV = (a_v - a_w)dm \tag{6.5}$$

类似地

$$dU = (u_v - u_w)dm \tag{6.6}$$

回顾式(6.3)在这次变换中

$$u_v - u_w + e_{sw}(a_v - a_w) = l_v \tag{6.7}$$

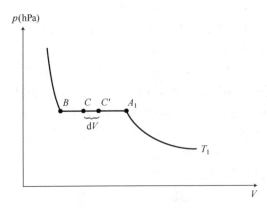

图 6.3 图 6.2 中的等温线 T_1。对于任意给定的变化 $C \rightarrow C'$,
体积的变化量 dV,这引起质量为 dm 的液态水蒸发

式(6.6)除以式(6.5)可得

$$\frac{dU}{dV} = \frac{u_v - u_w}{a_v - a_w}$$

或利用式(6.7)

$$\frac{dU}{dV} = \frac{l_v}{a_v - a_w} - e_{sw} \qquad (6.8)$$

这里需要重申,尽管一般的定义如第一定律(式(4.5))、第二定律(式(5.12))、焓($H = U + pV$)、比热(式(4.14))等等,对任何系统都是有效的,由理想气体定律导出的变量或表达式(例如,式(4.22)和(4.18))则只适用于理想气体。根据习题6.1,对于任何系统

$$\left(\frac{\partial U}{\partial V} \right)_T = T \left(\frac{\partial p}{\partial T} \right)_V - p \qquad (6.9)$$

同样,根据习题6.2,对于理想气体,$(\partial U / \partial V)_T = 0$(焦耳定律),然而,处于平衡状态的水和水汽并不是理想气体,U 和 e_{sw} 只是温度的函数。因为这个变换是等温的,则可以写作

$$\left(\frac{\partial U}{\partial V} \right)_T = \frac{dU}{dV}$$

且

$$\left(\frac{\partial e_{sw}}{\partial T} \right)_V = \frac{de_{sw}}{dT}$$

因此,式(6.9)成为

$$\frac{dU}{dV} = T \frac{de_{sw}}{dT} - e_{sw}$$

结合该式和式(6.8)可得

$$T\frac{\mathrm{d}e_{\mathrm{sw}}}{\mathrm{d}T}-e_{\mathrm{sw}}=\frac{l_{\mathrm{v}}}{a_{\mathrm{v}}-a_{\mathrm{w}}}-e_{\mathrm{sw}}$$

或

$$\frac{\mathrm{d}e_{\mathrm{sw}}}{\mathrm{d}T}=\frac{l_{\mathrm{v}}}{T(a_{\mathrm{v}}-a_{\mathrm{w}})}\tag{6.10}$$

式(6.10)称为克劳修斯-克拉珀龙(C-C)方程,它的一般形式为:

$$\frac{\mathrm{d}e_{\mathrm{s}}}{\mathrm{d}T}=\frac{l}{T\Delta a}\tag{6.11}$$

它把两相之间的平衡压力与非均质系统的温度联系起来,这里 l 是相态变化的比潜热(或比焓),而 Δa 是在温度 T 时两相之间比容的差,这是对非均质系统的理想气体状态方程。

6.4　C-C 方程的近似和影响

- 蒸发焓随温度的变化

通过对式(6.3)求微分可得

$$\frac{\partial L_{\mathrm{v}}}{\partial T}=\frac{\partial H_{\mathrm{v}}}{\partial T}-\frac{\partial H_{\mathrm{w}}}{\partial T}=C_{p\mathrm{v}}-C_{p\mathrm{w}}$$

式中 $C_{p\mathrm{v}}$ 和 $C_{p\mathrm{w}}$ 分别为水汽和液态水在恒压下的热容量。因为 L_{v} 是平衡状态下水汽和液态水之间的焓差,只依赖于温度。因此,上式可以写成

$$\frac{\mathrm{d}L_{\mathrm{v}}}{\mathrm{d}T}=C_{p\mathrm{v}}-C_{p\mathrm{w}}\tag{6.12}$$

对于一个广泛的温度范围(-20 ℃至30 ℃), $C_{p\mathrm{v}}$ 和 $C_{p\mathrm{w}}$ 变化很小(约1%),因此,可以视它们与温度无关,对式(6.12)积分得到

$$L_{\mathrm{v}}=L_{\mathrm{v}0}+(C_{p\mathrm{v}}-C_{p\mathrm{w}})(T-T_0)$$

或

$$l_{\mathrm{v}}=l_{\mathrm{v}0}+(c_{p\mathrm{v}}-c_{p\mathrm{w}})(T-T_0)\tag{6.13}$$

式中 $l_{\mathrm{v}0}$ 为在参考状态 T_0 时的蒸发比潜热。对于参考状态 $T_0=273$ K, $l_{\mathrm{v}0}=2.5\times10^6$ J·kg^{-1}, $c_{p\mathrm{v}}=1850$ J·kg^{-1}·K^{-1} 且 $c_{p\mathrm{w}}=4218$ J·kg^{-1}·K^{-1},式(6.13)给出了 l_{v} 在 -20 ℃至30 ℃之间的一个非常好的近似。

对于升华和融化,可以重复上面的步骤得到

$$\frac{\mathrm{d}L_{\mathrm{s}}}{\mathrm{d}T}=C_{p\mathrm{v}}-C_{p\mathrm{i}}$$

$$\frac{\mathrm{d}L_{\mathrm{f}}}{\mathrm{d}T}=C_{p\mathrm{w}}-C_{p\mathrm{i}}$$

或

$$l_s = l_{s0} + (c_{pv} - c_{pi})(T - T_0)$$
$$l_f = l_{f0} + (c_{pw} - c_{pi})(T - T_0)$$

(6.14)

回想一下，定容比热是 $c_V = \delta q / \mathrm{d}T$，因为水汽被认为是一种理想气体（回顾焦耳定律），可得

$$c_{Vv} = \frac{\delta q}{\mathrm{d}T} = \frac{\mathrm{d}u_v}{\mathrm{d}T}$$

对于液态水（非理想气体）

$$c_{Vw} = \frac{\delta q}{\mathrm{d}T} = \frac{\mathrm{d}u_w}{\mathrm{d}T} + p\frac{\mathrm{d}a_w}{\mathrm{d}T}$$

由于 a_w 随 T 的变化很小，所以上面的方程简化为

$$c_{Vw} = \frac{\mathrm{d}u_w}{\mathrm{d}T}$$

同样，对于冰 $c_{Vi} = \mathrm{d}u_i / \mathrm{d}T$，既然 $h = u + pa$，可见对于水汽 $c_{pv} = \mathrm{d}h_v / \mathrm{d}T = \mathrm{d}u_v / \mathrm{d}T + R_v$，因此对于水汽，$c_{pv} \neq c_{Vv}$，液态水和冰并不是理想气体，$pa \neq RT$，在这种情况下

$$c_{pw} = \frac{\mathrm{d}h_w}{\mathrm{d}T} = \frac{\mathrm{d}u_w}{\mathrm{d}T} + p\frac{\mathrm{d}a_w}{\mathrm{d}T} + a_w\frac{\mathrm{d}p}{\mathrm{d}T} \approx \frac{\mathrm{d}u_w}{\mathrm{d}T}$$

（因为 $\mathrm{d}p = 0$ 且 $\mathrm{d}a_w / \mathrm{d}T \approx 0$）因此，$c_{pw} \approx c_{Vw} = c_w$，类似地，$c_{pi} \approx c_{Vi} = c_i$。利用 $T = 0\ ℃$ 时 c_{pv}、c_{Vv}、c_w 和 c_i 的值（分别为 1850、1390、4218 和 2106 $\mathrm{J \cdot kg^{-1} \cdot K^{-1}}$）及式（6.13）和（6.14）可以发现：

$$\frac{\mathrm{d}l_v}{\mathrm{d}T} \approx -2368\ \mathrm{J \cdot kg^{-1} \cdot K^{-1}}$$

$$\frac{\mathrm{d}l_s}{\mathrm{d}T} \approx -256\ \mathrm{J \cdot kg^{-1} \cdot K^{-1}}$$

$$\frac{\mathrm{d}l_f}{\mathrm{d}T} \approx 2112\ \mathrm{J \cdot kg^{-1} \cdot K^{-1}}$$

这些值相对于 l_v、l_s 和 l_f 在 0 ℃ 时的值较小（分别为 2.5×10^6、2.834×10^6 和 $0.334 \times 10^6\ \mathrm{J \cdot kg^{-1} \cdot K^{-1}}$），故可以得出结论：所有的潜热随温度变化都很小。因此，上面的方程证明了将 l_v、l_s 和 l_f 近似为常数是合理的，式（6.13）和（6.14）改进了这种近似，将它们表示为 T 的线性函数。

- 平衡（饱和）水汽压随温度的变化

在蒸发的情况下，$a_v \gg a_w$ 且 C-C 方程可以近似为

$$\frac{\mathrm{d}e_{sw}}{\mathrm{d}T} = \frac{l_v}{Ta_v}$$

(6.15)

结合式（6.15）和（6.13）且将水汽视为理想气体（如 $e_{sw}a_v = R_vT$），可得

$$\frac{1}{e_{sw}}\frac{\mathrm{d}e_{sw}}{\mathrm{d}T} = \frac{l_{v0} + (c_{pw} - c_{pv})T_0}{R_vT^2} - \frac{c_{pw} - c_{pv}}{R_vT}$$

或

$$\int_{T_0 \text{时的}e_{sw}}^{T\text{时的}e_{sw}} \frac{\mathrm{d}e_{sw}}{e_{sw}} = \frac{l_{v0} + (c_{pw} - c_{pv})T_0}{R_v} \int_{T_0}^{T} \frac{\mathrm{d}T}{T^2} - \frac{c_{pw} - c_{pv}}{R_v} \int_{T_0}^{T} \frac{\mathrm{d}T}{T}$$

或

$$\ln \frac{e_{sw}}{e_{s0}} = \frac{l_{v0} + (c_{pw} - c_{pv})T_0}{R_v} \left(\frac{1}{T_0} - \frac{1}{T} \right) - \frac{c_{pw} - c_{pv}}{R_v} \ln \frac{T}{T_0}$$

考虑作为参考状态,三相点出现在 $T_0 = 0$ ℃, $e_{s0} = 6.11$ hPa, $l_{v0} = 2.5 \times 10^6$ J · kg^{-1}, $c_{pv} = 1850$ J · kg^{-1} · K^{-1} 和 $c_{pw} = 4218$ J · kg^{-1} · K^{-1},上式可以转化成

$$\ln \frac{e_{sw}}{e_{s0}} = 6808 \left(\frac{1}{T_0} - \frac{1}{T} \right) - 5.09 \ln \frac{T}{T_0}$$

或

$$e_{sw} = 6.11 \exp \left(53.49 - \frac{6808}{T} - 5.09 \ln T \right) \tag{6.16}$$

式(6.16)给出了 e_{sw} 和 T 之间的关系,另一种建立这种关系式的方法是对式(6.15)进行积分,假设 l_v 是常数,且与 T 无关,这就得到了上述方程的近似

$$\ln \frac{e_{sw}}{e_{s0}} = \frac{l_v}{R_v T_0} - \frac{l_v}{R_v T}$$

或

$$e_{sw} = 6.11 \exp \left(19.83 - \frac{5417}{T} \right) \tag{6.17}$$

在式(6.16)和(6.17)两个方程中, e_{sw} 的单位是 hPa, T 的单位是 K。在习题 6.3 中,要求证明式(6.16)和(6.17)在 −20 ℃ 至 30 ℃ 的温度范围下几乎是相同的。

对于升华过程,式(6.16)和式(6.17)的类似的关系式可以通过同样的步骤(这里同样是 $a_v \gg a_i$)得出, $l_s = 2.834 \times 10^6$ J · kg^{-1} 和 $c_i = 2106$ J · kg^{-1} · K^{-1},它们是

$$e_{si} = 6.11 \exp \left(26.16 - \frac{6293}{T} - 0.555 \ln T \right) \tag{6.18}$$

和

$$e_{si} = 6.11 \exp \left(22.49 - \frac{6142}{T} \right) \tag{6.19}$$

C-C 方程及其简化版本描述了水汽和液态水(或水汽和冰)处于平衡状态时的热力学状态。当系统气压大于平衡气压时,通过水汽的冷凝(升华)达到平衡,这减少了系统中的水汽量,从而降低了水汽压。如果系统气压低于平衡气压,则通过水(冰)蒸发(升华)达到平衡。由于式(6.17)和(6.19)中 e_{sw} 和 e_{si} 对 T 的特殊指数依赖关系,较高温度时的 e_{sw} 大于较低温度时的 e_{sw},因此,较高的温度时能存在更多的水汽。例如,对 $T = 300$ K 时,由式(6.17)可得 $e_{sw} = 36$ hPa, $T = 273$ ℃ 时, $e_{sw} = 6$ hPa,这是很大的不同。请注意,这确实意味着温暖的空气比寒冷的空气能容纳更

多的水汽,这是经常被错误地表达的,以上所有的推导和公式都是在没有空气的情况下推导出来的。我们只考虑了水蒸发(或水汽凝结)至真空的两个相态,那么这与道尔顿定律是一致的,道尔顿定律表明,在空气和水汽的混合物中,分压与混合物无关,因此,当在给定温度下,空气是饱和的时候,并不意味着空气中包含了它所能容纳尽可能多的水蒸气。严格地说,这里的含义是这个温度下,不考虑空气的存在,所能包含的最大水汽量。

平衡水汽压与温度之间的关系纯粹是由动力学原因引起的。在平衡状态下,蒸发为零(严格地说,净蒸发=蒸发减去冷凝,值等于零,因为水中的分子蒸发的机会和水汽分子凝结的机会一样多)。在更高的温度下,液体内部的分子获得更快的速度,它们逃脱的机会增加,结果(净)蒸发量增加了。

e_{sw}(或 e_{si})对 T 的指数依赖性对气候系统有着重要的影响。热带暖水较温带寒冷的水能输送更多的水汽到大气中。然后,大部分的水汽作为热带地区有组织对流的产物形成降雨,从而释放出大量的热量,这些热量可以转化为功,并产生动能,这有助于克服摩擦耗散维持大气环流。

• 水的熔点和沸点的变化

在沸点($T = 100$ ℃),$l_v = 2.26 \times 10^6$ J·kg^{-1},$a_v = 1.673$ m^3·kg^{-1} 且 $a_w = 0.00104$ m^3·kg^{-1},那么由式(6.15)可得

$$\frac{de_{sw}}{dT} = 3621 \text{ Pa·K}^{-1}$$

或

$$\frac{de_{sw}}{dT} = 0.03575 \text{ atm·K}^{-1}$$

因此,气压下降 0.03575 atm (36.2 hPa),则沸点下降 1 ℃。需要注意的是,如果求 $T_1 = 373$ K 和 $T_2 = 372$ K,式(6.16)的近似关系时,则会发现 $e_{sw}(T_1) \approx 1003$ hPa 且 $e_{sw}(T_2) \approx 969$ hPa,或 $\Delta e_{sw} \approx -34$ hPa。如果使用式(6.17),则会发现 $e_{sw}(T_1) \approx 1237$ hPa,$e_{sw}(T_2) \approx 1190$ hPa,$\Delta e_{sw} \approx -47$ hPa。差异是由于在推导近似表达式时,已经假设比热和潜热或者是常数或者是 T 的线性函数。在与天气相关的温度范围内可能是合适的,这个范围以外的温度的差异可能是显著的。

在熔点($T = 0$ ℃),$l_f = 0.334 \times 10^6$ J·kg^{-1},$a_w = 1.00013 \times 10^{-3}$ m^3·kg^{-1},且 $a_i = 1.0907 \times 10^{-3}$ m^3·kg^{-1},将这些值代入式(6.15)可得

$$\frac{dp_{wi}}{dT} = -13503800 \text{ Pa·K}^{-1}$$

或

$$\frac{dp_{wi}}{dT} = -133.3 \text{ atm·K}^{-1}$$

此结果表明,降低熔点仅 1 ℃将需要增加巨大的压力,这实际上是反常的,因为

在大多数情况下熔点随压力的增加而增加。水和冰的异常表现是由于冰比水的密度小,而在大多数情况下固体比液体的密度大。冰的熔点随着压力的增加而降低,这一事实对地球物理学非常重要,因为它解释了冰川的运动,当一大块冰与岩石相遇在冰川床上时,冰对岩石的巨大压力降低了冰的熔点,导致冰融化后绕岩石流动,一旦到了岩石后面,压力就会恢复,冰又会结冰。冰就这样沿着障碍物传播。

例题

(6.1)计算(a)在气温为 0 ℃,1 个大气压的定压条件下,溶解 1 g 的冰成水和(b)在气温为 100 ℃,1 个大气压的定压条件下,将 1 g 水蒸发为水汽需要做的功,吸收的热量和内能的变化。

(a)当在恒压下吸收一定量的 Q 的效果是系统物理状态的变化(这也会发生在恒温条件下),那么 Q 与发生变化的质量成正比。在本例中 $Q = ml_f$,其中 l_f 为 0 ℃时融化的比潜热。对于冰 $l_f = 79.7 \ \mathrm{cal \cdot g^{-1}}$。因此,

$$Q = l_f m = 79.7 \ \mathrm{cal}$$

在融化过程中体积发生变化。对应做的功是

$$W = \int_{冰}^{水} p \, \mathrm{d}V = p \int_{冰}^{水} \mathrm{d}V = p \, (V_水 - V_冰)$$

0 ℃时冰的密度为 0.917 $\mathrm{g \cdot cm^{-3}}$,因此 1 g 的体积为 1.09 $\mathrm{cm^3}$。在 0 ℃时水的密度是 1 $\mathrm{g \cdot cm^{-3}}$,因此,1 g 水的体积为 1.0 $\mathrm{cm^3}$,由此可见

$$W = 1013 \times 10^2 \times (1 - 1.09) \times 10^{-6} \ \mathrm{J}$$

或

$$W = -0.00912 \ \mathrm{J}$$

或

$$W = -0.0022 \ \mathrm{cal}$$

做的功是负的,因为生成的水的体积小于冰的体积,由上可知

$$\Delta U = Q - W = 79.7022 \ \mathrm{cal}$$

(b)在 100 ℃的情况下,$l_v = 539 \ \mathrm{cal \cdot g^{-1}}$,因此

$$Q = l_v m = 539 \ \mathrm{cal}$$

在 100 ℃时水的密度是 0.958 $\mathrm{g \cdot cm^{-3}}$,1 g 的体积是 1.04 $\mathrm{cm^3}$,在 100 ℃时 1 g 水汽的体积是 1673 $\mathrm{cm^3}$。因此

$$W = p \, (V_{水汽} - V_水) = 1013 \times 10^2 \times (1673 - 1.04) \times 10^{-6}$$
$$= 169.37 \ \mathrm{J} = 40.47 \ \mathrm{cal}$$

可得

$$\Delta U = 498.53 \ \mathrm{cal}$$

注意,在这两种情况下,即使温度保持不变,内能也会增加,这是因为自由度增加了,水分子在液相中的自由度比在冰相中的自由度大得多,在水汽中的自由度也

比液态水中的自由度大得多。

(6.2)雨滴能从云滴中仅通过凝结增长吗?

为了解决这个问题,必须做出一些合理的假设。云滴在凝结核上形成,并借助可得的水汽开始增长。如果水汽压大于平衡水汽压,则水滴通过凝结而增长,所以需要知道有多少水汽是可用的以及有多少液滴会竞争水汽。假设凝结核的浓度是 $100 \ \mathrm{cm}^{-3}$,这相当于相对干净的空气。现在需要估算在凝结增长过程中可用的水汽量,我们可以通过假设在成云的高度(比方说 1000 m),空气达到饱和,地面温度为 30 ℃ 来估计该值。如果空气绝热上升,温度下降,随着温度的降低,平衡(饱和)水汽压下降。这意味着平衡不需要那么多的水汽或者水汽压大于平衡水汽压,因此,水滴开始增长。如果空气上升到最大高度(比如对流层顶部约 16 km 处),那么可以通过假设没有水汽凝结,并利用如下方程来估算出该高度的平衡水汽压

$$\ln \frac{e_{\mathrm{sw}}}{6.11} = 19.83 - \frac{5417}{T}$$

式中 $T = 30 - (16 \times 9.8) = -126.8 \ ℃ = 146.2 \ \mathrm{K}$。由此可见,在该高度上 $e_{\mathrm{sw}} = 0$,在云底温度约为 20.2 ℃,$e_{\mathrm{sw}} \approx 23.7 \ \mathrm{hPa}$,因此在这种情景下相当于 23.7 hPa 的水汽可用于水滴增长,那么这是多少水汽呢?

从理想气体定律可得对于 $V = 1 \ \mathrm{m}^3$

$$m_{\mathrm{v}} = \frac{e_{\mathrm{sw}} V}{R_{\mathrm{v}} T} = 0.0175 \ \mathrm{kg}$$

假设一个典型的雨滴的半径是 0.5 mm,可见雨滴的质量 $m_{雨滴} = V/\rho \approx 0.00052 \ \mathrm{g}$。考虑到可用的水汽总量,这意味着约 33650 个雨滴。然而,在 1 m^3 的空气中,有 10^8 个拥有同等权利的"竞争者"。简单地说,它们都不会仅仅因为凝结而变成雨滴,其他过程也必须发生(例如碰撞、合并)。

(6.3)考虑 2 mol 的过冷水(即存在于环境温度低于 0 ℃ 的液态水)为例,假设环境温度为 −10 ℃,过冷水结冰。在这一过程中,向周围环境释放融化潜热(冻结),最终冰和周围环境恢复到初始温度,求过冷水和环境的 ΔU、ΔH 和 ΔS。

2 mol 水等于 36 g。如果忽略水和冰之间在相变过程中体积和气压的变化,由第一定律和焓的定义可得对于过冷水和环境有

$$\Delta H = \Delta U = Q$$

在计算 Q 和 ΔS 的过程中有一个正确的和一个错误的方法。如果计算在 −10 ℃ 时,过冷水开始冻结释放的热量,可以发现 $Q_{\mathrm{w}} = -m l_{\mathrm{f}}(-10 \ ℃) = -0.036 \times 0.312 \times 10^6 \ \mathrm{J} = -11232 \ \mathrm{J}$。然后,如果利用式(5.7),会发现 $\Delta S_{\mathrm{w}} = \int \delta Q / T = -42.7 \ \mathrm{J \cdot K^{-1}}$。释放的热量由环境吸收,因此,$Q_{\mathrm{s}} = 11232 \ \mathrm{J}$、$\Delta S_{\mathrm{s}} = 42.7 \ \mathrm{J \cdot K^{-1}}$。由此可知,整个系统(环境+过冷水)的熵变为零。但是根据第二定律系统中存在变化,熵应当增加。矛盾的原因是间接地假设了自发冻结是可逆过程,而实际上并不是。

正确的方法是:将过冷水由-10 ℃开始,可逆地加热到 0 ℃(步骤 1),在 0 ℃可逆地冻结(步骤 2),然后可逆地冷却到-10 ℃(步骤 3)。在这种情况下,则有

第一步

$$Q_1 = mc_{pw}\Delta T = 1518.5 \text{ J}$$

$$\Delta S_1 = \int_{T_1}^{T_2} mc_{pw} \frac{\mathrm{d}T}{T} = 5.67 \text{ J} \cdot \text{K}^{-1}$$

第二步

$$Q_2 = -ml_f(0 \text{ ℃}) = -12013.2 \text{ J}$$

$$\Delta S_2 = \frac{Q_2}{T_2} = -44.0 \text{ J} \cdot \text{K}^{-1}$$

第三步

$$Q_3 = mc_{pi}\Delta T = -758.2 \text{ J}$$

$$\Delta S_3 = \int_{T_2}^{T_1} mc_{pi} \frac{\mathrm{d}T}{T} = -2.83 \text{ J} \cdot \text{K}^{-1}$$

在上面的计算中,考虑到$T_1 = 263$ K,$T_2 = 273$ K,$c_{pw} = c_w = 4218$ J·kg^{-1}·K^{-1},$c_{pi} = c_i = 2106$ J·kg^{-1}·K^{-1} 且$l_f(0 \text{ ℃}) = 0.3337 \times 10^6$ J·kg^{-1}·K^{-1},可得过冷水释放的热量为

$$Q_w = Q_1 + Q_2 + Q_3 = -11252.9 \text{ J}$$

过冷水的熵的变化为

$$\Delta S_w = \Delta S_1 + \Delta S_2 + \Delta S_3 = -41.16 \text{ J} \cdot \text{K}^{-1}$$

环境($T_s = -10$ ℃)获得的过冷水冻结释放的热量,因此

$$\Delta U_s = \Delta H_s = Q_s = -Q_w = 11252.9 \text{ J}$$

同时,熵的变化为

$$\Delta S_s = \int \frac{\delta Q_s}{T_s} = \frac{Q_s}{T_s} = 42.79 \text{ J} \cdot \text{K}^{-1}$$

由此可知,整个系统(环境+过冷水)的熵变为

$$\Delta S = \Delta S_s + \Delta S_w = 1.63 \text{ J} \cdot \text{K}^{-1} > 0$$

习题

(6.1)证明对于任何系统

$$\left(\frac{\partial U}{\partial V}\right)_T = T\left(\frac{\partial p}{\partial T}\right)_V - p$$

(提示:用式(2.1)表示 $\mathrm{d}U$,代入第一定律。然后再考虑 $\mathrm{d}S = \delta Q/T$ 的定义以及 $\mathrm{d}S$ 是一个全微分,进行偏微分和合并项。)

(6.2)利用习题 6.1 中导出的方程,证明对于理想气体 U,其只是温度的函数,而

不依赖于 V(焦耳定律)。

(6.3)通过绘制 e_{sw} 和 T 证明,在 $-20\ ℃$ 到 $30\ ℃$ 的范围,式(6.16)和(6.17)几乎是相同的,如果对选择很挑剔,将会选择哪一个?

(6.4)在一个开放的容器内,有温度 $T = -20\ ℃$ 的 500 g 的冰。然后以 100 cal·min^{-1} 的速率持续 700 min 向冰提供热量。画出(a)温度($℃$)和时间(s)之间的关系,(b)冰吸收的热量和时间之间的关系,(c)吸收的热量和温度之间的关系。忽略容器的热容,假设 $l_f =$ 常数 $= 79.7$ cal·g^{-1},$c_i =$ 常数 $= 0.503$ cal·g^{-1}·K^{-1}。

(6.5)一个体积为 2 m^3,温度为 120 $℃$ 的封闭的箱子包含 1 m^3 的饱和水汽。计算(a)水汽质量;(b)为使箱内温度下降到 100 $℃$,同时保持水汽饱和,必须缓慢逸出的水汽质量。(利用式(6.17))(1.43 kg, 0.71 kg)

(6.6)在标准条件下,一个容积为 2 L 的开放容器包含干空气和一定量的水。达到平衡后,容器封闭并加热至 100 $℃$。如果加热后空气饱和,必须添加的最少水量是多少?容器里的最终气压是多少?(利用式(6.16))。(1.16 g, 2.35 大气压)

(6.7)一种物质遵循状态方程 $pV^{1.2} = 10^9 T^{1.1}$,对 100 L 等容容器内的热容的测量表明,在这些条件下,热容是恒定的,等于 0.1 cal·K^{-1}。把系统的能量和熵表示为 T 和 V 的函数。(提示:物质是理想气体吗?)

(6.8)为使云滴仅通过凝结增长为雨滴,如何改变例题 6.2 中的假设?

(6.9)求 10 $℃$ 下 5 kg 的水加热至 100 $℃$,然后在该温度下转换成蒸汽的熵的变化。在 100 $℃$,水的蒸发潜热是 $2.253×10^6$ J·kg^{-1},在上述温度范围内,水在恒定体积下的比热容几乎与温度无关,约为 $4.18×10^3$ J·kg^{-1}·K^{-1}。($\geqslant 35972$ J·K^{-1})

(6.10)一块冰如图 6.4 所示放置,在环绕冰的铁丝上加上一个重物,解释一下为什么铁丝可以穿过冰块而不让冰块碎成两半。

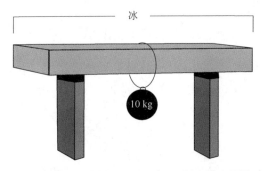

图 6.4 习题 6.10 的示意图:一块冰如图所示放置,在环绕冰的铁丝上加上一个重物

(6.11)卡诺循环的暖源温度为 100 $℃$,而冷源由融化的冰组成。当这个循环持续 1 h 时,可以观察到 1 t 冰已经融化。计算(1)循环从暖源吸收的热量;(2)循环向冷源释放的热量。在 100 $℃$ 融化的潜热为 $0.3337×10^6$ J·kg^{-1}。($333.7×10^6$ J, $244.2×10^6$ J)

第 7 章 湿空气

大气基本上是一个由两种成分组成的系统。一种成分是干空气,另一种成分是存在于水汽中的水,或者是凝结态的一种(液态水或冰)。根据道尔顿定律,在理想气体的混合物中,每一种单一气体的表现都可以假定为其他气体不存在。因此,在干空气、水汽和凝结态的混合物中,"水"系统(水汽+凝结态)可以视作与干空气相独立。在这种情况下,前一章所提出的概念(针对单组分非均相系统"水")对于双组分非均相系统"干空气+水"也是有效的。将由干空气和水汽组成的系统称为"湿空气",它可能是不饱和的,也可能是水汽饱和的。由于没有液态水的存在,湿空气是一个单相双组分系统,因此,根据式(6.1),需要三个状态变量来确切地描述系统的状态。通常这些变量是气压、气温和一个称为混合比的新变量(后面很快会给出定义)。如果存在凝结相并且与汽相相平衡,则只需要两个变量(通常是温度和气压)。

为注释清晰起见,将使用下标 d、w、v 分别表示干空气、液态水和水汽。唯一的例外是水汽压,将其简单地表示为 e。没有下标的变量将代表干空气和水汽的混合物。

表 7.1 给出了各种系统、它们的类型以及确切描述它们状态所需的变量,参见式(6.1)。

表 7.1　各种系统、它们的类型以及确切描述它们状态所需的变量

系统	类型	用于确切描述系统状态所需的变量
干空气和水汽	非均相——两种成分,一种相态	$3(p, T, 混合比)$
干空气、水汽和液态水	非均相——两种成分,两种相态	$2(p, T)$
干空气、水汽、液态水和冰	非均相——两种成分,三种相态	$1(T)$
液态水和水汽	非均相——一种成分,两种相态	$1(T)$
液态水、水汽和冰	非均相——一种成分,三种相态	0
水汽	均相——一种成分,一种相态	$2(p, T)$
干空气	均相——一种成分,一种相态	$2(p, T)$

7.1　湿空气的测量和描述

7.1.1　湿度变量

在湿空气样本中,干空气和水汽具有相同的温度 T,占据相同的体积 V。因此,

对于水汽来说

$$eV = m_v R_v T$$

或

$$e = \rho_v R_v T$$

式中 e 为水汽压，ρ_v 为水汽密度，R_v 是水汽的比气体常数。因水的分子量 $M_v = 18.01 \ \text{g} \cdot \text{mol}^{-1}$，$R_v$ 的值等于 $R^*/M_v = 461.5 \ \text{J} \cdot \text{kg}^{-1} \cdot \text{K}^{-1}$，因 $R^* = R_d M_d$ 可得 $R_d M_d = R_v M_v$，因此

$$\varepsilon = \frac{R_d}{R_v} = \frac{M_v}{M_d} = 0.622 \tag{7.1}$$

定义比湿 q，混合比 w 为

$$q = \frac{\rho_v}{\rho} = \frac{m_v}{m}$$

和

$$w = \frac{\rho_v}{\rho_d} = \frac{m_v}{m_d} \tag{7.2}$$

$m = m_d + m_v$ 是混合物的总质量（ρ_v 也被称为绝对湿度）。因为 $\rho_v = eM_v/R^*T$，$\rho_d = p_d M_d/R^*T$，且 $p_d = p - e$ 可得

$$w = \varepsilon \frac{e}{p - e} \tag{7.3}$$

当饱和时，饱和混合比为

$$w_s = \varepsilon \frac{e_s}{p - e_s} \tag{7.4}$$

式中 e_s 是液态水（e_{sw}）或冰（e_{si}）的平衡（饱和）水汽压。一般情况下，e_s，$e \ll p$，将上述两个方程化简为

$$w \approx \varepsilon \frac{e}{p}, w_s \approx \varepsilon \frac{e_s}{p} \tag{7.5}$$

因为 $1/q = (m_d + m_v)/m_v = (m_d / m_v) + 1$ 可得

$$\frac{1}{q} = \frac{1}{w} + 1$$

或

$$w = \frac{q}{1 - q}, q = \frac{w}{1 + w} \tag{7.6}$$

大气中 w 和 q 都非常小（$w, q \ll 1$），因此可以假设 $w \approx q$。

相对湿度 r 的定义为

$$r = \frac{m_v}{m_{vs}}$$

式中 m_v 是体积为 V 的湿空气样本中水汽的质量，m_{vs} 是当湿空气饱和时应有的水

汽的质量。根据理想气体定律,可以将 r 写为

$$r = \frac{e}{e_s} \tag{7.7}$$

利用式(7.5),近似可得

$$r \approx \frac{w}{w_s}$$

7.1.2　湿空气的平均分子量和其他量

根据式(3.13),可得湿空气的平均分子量为

$$\overline{M} = \frac{m_d + m_v}{\dfrac{m_d}{M_d} + \dfrac{m_v}{M_v}}$$

可以将上式改写为

$$\frac{1}{\overline{M}} = \left(\frac{m_d}{M_d} + \frac{m_v}{M_v} \right) \left(\frac{1}{m_d + m_v} \right)$$

或

$$\frac{1}{\overline{M}} = \frac{1}{M_d} \left[\frac{1}{m_d + m_v} \left(m_d + \frac{m_v M_d}{M_v} \right) \right]$$

或

$$\frac{1}{\overline{M}} = \frac{1}{M_d} \frac{m_d}{m_d + m_v} \left(1 + \frac{m_v/m_d}{M_v/M_d} \right)$$

或

$$\frac{1}{\overline{M}} = \frac{1}{M_d} \frac{1}{1+w} \left(1 + \frac{w}{\varepsilon} \right)$$

或

$$\frac{1}{\overline{M}} = \frac{1}{M_d} \left(\frac{1}{1+w} + \frac{q}{\varepsilon} \right)$$

因为

$$\frac{1}{1+w} = \frac{q}{w}$$

且

$$w = \frac{q}{1-q}$$

所以

$$\frac{1}{\overline{M}} = \frac{1}{M_d} \left(1 - q + \frac{q}{\varepsilon} \right)$$

或

$$\frac{1}{\overline{M}} = \frac{1}{M_d}\left[1 + \left(\frac{1}{\varepsilon} - 1\right)q\right]$$

或

$$\frac{1}{\overline{M}} = \frac{1}{M_d}(1 + 0.61q)$$

对于湿空气来说状态方程为

$$pa = R_{moist}T = \frac{R^*}{\overline{M}}T = \frac{R^*}{M_d}(1 + 0.61q)T$$
$$= R_d(1 + 0.61q)T \tag{7.8}$$

式(7.8)给出了虚温的定义

$$T_{virt} = (1 + 0.61q)T \tag{7.9}$$

虚温的含义是与湿空气具有相同的 p 和 a 值的干空气的温度。换句话说,虚温是在给定气压和体积(或密度)下完全不含水汽的干空气应当具有的温度。由于在实际中 q 总是大于 0,所以 T_{virt} 总是大于 T。式(7.8)还给出了混合气体常数:

$$R = (1 + 0.61q)R_d \tag{7.10}$$

同样,可以定义湿空气的比热容。假设在恒定的压力下,空气样本吸收了 δQ 的热量后温度上升 dT,其中部分热量(δQ_d)被干空气吸收,部分热量(δQ_v)被水汽吸收,在这种情况下,可给出

$$\delta Q = \delta Q_d + \delta Q_v$$

或

$$\delta Q = m_d\delta q_d + m_v\delta q_v$$

或

$$\delta q = \frac{m_d}{m_d + m_v}\delta q_d + \frac{m_v}{m_d + m_v}\delta q_v$$

或

$$\delta q = (1 - q)\delta q_d + q\delta q_v$$

回顾比热容的定义,则有

$$c_p = (1 - q)\frac{\delta q_d}{dT} + q\frac{\delta q_v}{dT}$$

或

$$c_p = (1 - q)c_{pd} + qc_{pv}$$

或

$$c_p = c_{pd}\left[1 + \left(\frac{c_{pv}}{c_{pd}} - 1\right)q\right]$$

或

$$c_p = c_{pd}(1 + 0.87q) \approx c_{pd}(1 + 0.87w) \tag{7.11}$$

类似地

$$c_V = (1-q)c_{Vd} + qc_{Vv}$$

可推导出

$$c_V = c_{Vd}(1 + 0.97q) \approx c_{Vd}(1 + 0.97w) \tag{7.12}$$

由式(7.11)和(7.12)可得

$$\gamma = \frac{c_p}{c_V} = \frac{c_{pd}}{c_{Vd}} \frac{(1 + 0.87q)}{(1 + 0.97q)}$$

上式因为 $q \ll 1$ 可以近似变换为

$$\gamma \approx \gamma_d (1 + 0.87q)(1 - 0.97q)$$

或者忽略二阶项后变换为

$$\gamma \approx \gamma_d (1 - 0.1q) \tag{7.13}$$

式中 $\gamma_d = 1.4$，类似地

$$\begin{aligned} k = \frac{\gamma - 1}{\gamma} = \frac{R}{c_p} &= \frac{R_d}{c_{pd}} \frac{(1 + 0.61q)}{(1 + 0.87q)} \\ &\approx k_d (1 + 0.61q)(1 - 0.87q) \\ &\approx k_d (1 - 0.26q) \end{aligned} \tag{7.14}$$

式中 $k_d = 0.286$，需注意的是，在存在液态水时不能推导出类似的表达式，因为液态水+水汽不能构成理想气体。

7.2　大气中的过程

在本节中，将讨论与大气中的基本过程相关的情景。为了使讨论有效进行，将从发生在等压条件下的过程开始(如在地面)，然后讨论上升的过程。首先是不饱和空气，然后是饱和空气，最后，讨论两个气团在水平和垂直方向混合的过程。描述每个过程的定律和公式将会被解析推出，随后，每个过程将在 (p, T) 图中进行描述，后期会看到，可以设计更好的图形化表达，然而在现在，简单并且非常熟悉的 (p, T) 图将用来阐述各种过程。在接下来的说明中，当凝结态出现时，假定它是液态水，但只要做适当的替换，凝结相为冰的情况也同样适用(如 e_{si} 替代 e_{sw}，l_s 代替 l_v，c_i 代替 c_w 等)。

7.2.1　等压冷却——露点温度和霜点温度

考虑一个不饱和湿空气块并假定它是一个封闭的系统，在这种情况下 q 和 w 保持恒定。如果气块在等压的条件下开始冷却，只要没有出现凝结的情况，水汽压 e 也将保持恒定(回顾公式 $e = wp/(w + \varepsilon)$)，然而平衡水汽压并不保持恒定，如上一章中看到的，e_{sw} 和 e_{si} 与 T 密切相关，当 T 下降时 e_s 也下降，当 e_s 下降时相对湿度上升达到饱和。如果是液态水达到饱和称为露点温度 T_{dew}，如果是冰达到饱和称为霜点

温度 T_{f}。

这些温度名称的含义是如果气块等压降至这些温度以下,水滴(或冰)将形成。然而要注意的是,刚刚达到饱和点以下的温度就发生冷凝(或升华),必须存在冷凝核或固体表面。没有凝结核或固体表面的自发凝结需要极高的相对湿度—过饱和—这在大气中并不容易发生。

由于地面或空气本身的辐射冷却,等压冷却可以自然发生。在这种情况下,地面能流失足够的热量冷却到大气中水汽发生凝结的温度以下。如果这种情况发生在气温大于 0 ℃时,接近地面的大气层的水汽在地面凝结变成可见的露水;如果这种情况出现在温度低于 0 ℃时,则生成霜。如果冷却非常强或者大气本身发生辐射降温,地面上的空气层可能同样会冷却到饱和点以下导致辐射雾的形成。另外,当气团水平移动($p \approx$ 常数)并经过更冷区域时也会出现等压冷却,因通过热传导给地面能达到饱和形成平流雾。

在 T_{dew} 时,水汽压成为达到平衡(饱和)水汽压(一个很好的近似是混合比成为饱和混合比),因此,如果 e 是温度 T 时的水汽分压,露点必须满足方程

$$e_{\mathrm{sw}}(T_{\mathrm{dew}}) = e \tag{7.15}$$

在图 7.1 中显示出,假设点 B 具有温度 T 和水汽压 e,为等压的达到饱和,由点 B 开始画一条垂直于气压轴的线,点 C 对应着水汽压为它的平衡水汽压时的温度,因此该点定义为 T_{dew}。在图中 $AT = e_{\mathrm{sw}}(T)$ 且 $BT = CT_{\mathrm{dew}} = e = e_{\mathrm{sw}}(T_{\mathrm{dew}})$,很明显,因为平衡水汽压曲线已知,图中任一点的相对湿度和露点温度都能很容易地得出($r = TB/TA$,$T_{\mathrm{dew}} = OT - BC$)。如果仅温度已知,那么需要知道 T_{dew} 来估计相对湿度和绝对湿度。从图中可知相对湿度和温度露点差 $T - T_{\mathrm{dew}}$ 都代表真实的水汽量。它们描述的都是距离平衡曲线的距离,但是 r 或者 $T - T_{\mathrm{dew}}$ 的近似值对应于不同的 e 以及不同的 ρ_v(绝对湿度)。需要注意的是,与 (e, T) 图中给定点的位置有关,T_{dew}(或 T_{f})可能不能被定义。如在图 7.2 中,对于点 P 仅 T_{dew} 有定义,对于点 P',$T'_{\mathrm{dew}} = T'_{\mathrm{f}} =$ 三相点温度。对于点 P'' 并且存在过冷水时,T''_{f} 和 T''_{dew} 均可定义,且 $T''_{\mathrm{f}} > T''_{\mathrm{dew}}$。如果不存在过冷水,$T''_{\mathrm{dew}}$ 不能定义。

可以看出,上升气块的露点温度是下降的,如果对地面层和某高度层 z 的露点温度分别用 $T_{\mathrm{dew},0}$ 和 $T_{\mathrm{dew},z}$ 表示,则有

$$e_{\mathrm{sw}}(T_{\mathrm{dew},0}) = e_0 = R_v \rho_v T_0$$

$$e_{\mathrm{sw}}(T_{\mathrm{dew},z}) = e_z = R_v \rho_v T_z$$

气块上升膨胀时,温度和水汽密度下降(因为水汽分布在更大的体积中),因而 $e_0 > e_z$ 且 $e_{\mathrm{sw}}(T_{\mathrm{dew},0}) > e_{\mathrm{sw}}(T_{\mathrm{dew},z})$,由式(6.17)可得 $T_{\mathrm{dew},z} < T_{\mathrm{dew},0}$。

估计 T_{dew}

因 $e = e_{\mathrm{sw}}(T_{\mathrm{dew}})$,C-C 方程可以写为

$$\frac{\mathrm{d}e}{\mathrm{d}T_{\mathrm{dew}}} = \frac{l_v e}{R_v T_{\mathrm{dew}}^2}$$

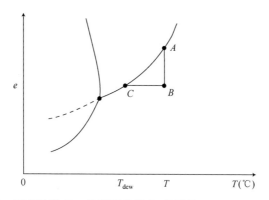

图 7.1　露点温度 T_{dew} 的图形化定义,很明显,$e_{sw}(T_{dew}) = e(T)$

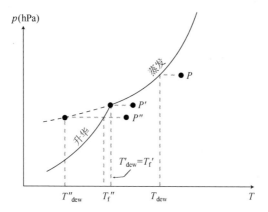

图 7.2　在 (p,T) 图中根据给定状态的位置,T_{dew} 或 T_f 可能有或可能没有定义,
例如对状态 P 来说,只有 T_{dew} 能被定义

或

$$\frac{\mathrm{d}e_{sw}}{e_{sw}} = \frac{l_v \mathrm{d}T}{R_v T^2}$$

考虑到 $l_v \approx$ 常数,从 T_{dew} $(e_{sw}(T_{dew}) = e)$ 到 $T(e_{sw}(T) = e_{sw})$ 积分,可以得到

$$\ln \frac{e_{sw}}{e} = \frac{l_v}{R_v}\left(\frac{T - T_{dew}}{T T_{dew}}\right)$$

或

$$-\ln r = \frac{l_v}{R_v}\left(\frac{T - T_{dew}}{T T_{dew}}\right)$$

或

$$T - T_{dew} = -R_v T T_{dew} \ln r / l_v \tag{7.16}$$

式(7.16)给出了怎样由温度和相对湿度求 T_{dew}。由 $l_v \approx 2.501 \times 10^6$ J·kg^{-1} 和
$R_v = 461.51$ J·kg^{-1}·K^{-1},式(7.16)转换为

$$T - T_{\text{dew}} = -1.845 \times 10^{-4} \, T T_{\text{dew}} \ln r$$

通过同样的步骤可以得到($l_s = 2.8345 \text{ J} \cdot \text{kg}^{-1}$)

$$T - T_{\text{f}} = -1.628 \times 10^{-4} \, T T_{\text{f}} \ln r$$

在接下来的(p, T)图(图 7.3)中，随着气压沿着 y 轴下降可以图示估计露点温度的过程。

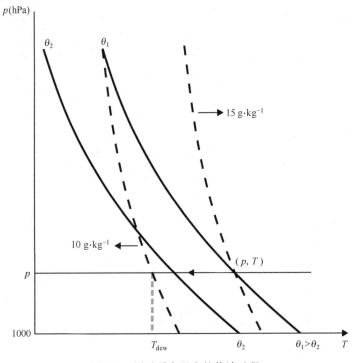

图 7.3　图示露点温度的估计过程

在该图中显示了几条干绝热线(实线)和几条饱和混合比线(断线)，干绝热线可以由泊松方程计算得出

$$\ln\theta = \ln T + \kappa_{\text{d}} \ln 1000 - \kappa_{\text{d}} \ln p$$

通过设 $\ln\theta = $ 常数

$$\ln p = \frac{1}{\kappa_{\text{d}}} \ln T + \text{常数}$$

在(p, T)坐标系统中没有直线。饱和混合比线可以由式(7.5)和式(6.17)计算得出

$$p \approx \frac{\varepsilon e_{\text{sw}}(T)}{w_{\text{sw}}}$$

或

$$p \approx \frac{6.11\varepsilon}{w_{\text{sw}}} \exp\left(19.83 - \frac{5417}{T}\right)$$

或

$$\ln p \approx \ln \frac{6.11e}{w_{sw}} + 19.83 - \frac{5417}{T}$$

或对于某些 $w_{sw} =$ 常数

$$\ln p \approx A + \frac{B}{T}$$

式中 $A = \ln 6.11\varepsilon/w_{sw} + 19.83$，$B = -5417$，在 (p,T) 图中同样也不是直线。因此干绝热线和饱和混合比线均绘制成非线性曲线。因为这里的目的是为了图形化的阐述过程，这些曲线只是理想曲线并不精确。现在假设一个空气块在气压层 p，温度为 T，进一步地假设它的混合比是 $10\ \text{g} \cdot \text{kg}^{-1}$，因为在 (p,T) 图中饱和混合比为 $15\ \text{g} \cdot \text{kg}^{-1}$，所以气块并不饱和。为了估计露点温度，如箭头所示，必须向左移动（更低的温度，但是保持在相同的气压层）直到遇到 $10\ \text{g} \cdot \text{kg}^{-1}$ 饱和混合比线。在此温度下，气块的混合比等于饱和混合比，因此气块可以达到饱和，这个温度就是气块的露点温度。注意到由 (p,T) 图沿着干绝热线 θ_1 降至 $1000\ \text{hPa}$ 能够得到气块的位温，它比温度要高。

7.2.2　绝热等压过程——湿球温度

现在假设系统是由不饱和湿空气和液态水组成的，且混合物的温度为 T，组合的水混合比 $w_t = (m_v + m_w)/m_d$，因为这是不稳定的状态，系统将趋于达到平衡态，这可以通过水汽蒸发来实现。如果假设系统是闭合的，过程是绝热发生的（如过程是等焓的），那么液态水必须从不饱和湿空气中获得热量蒸发，因为没有发生其他的过程，温度的下降一定与因为蒸发液态水引起的湿空气混合比变化有关。注意由于在这一过程中的任何时候，系统都与饱和有微小的差异，因此这一过程是自发的且不可逆。如果有足够的液态水，就会达到饱和，饱和时的温度称为等压湿球温度 T_w。这种转换类型所描述的一个重要大气过程是在大气层中降雨蒸发引起冷却，该系统包含空气块加上降雨穿过空气块时蒸发到气块中的水。如果不是水而是冰，那么就可以定义绝热冰球温度 T_i。注意到因为两种冷却过程不同而导致 T_w 与 T_{dew} 不同。如果采取相反的步骤，则可以定义当空气中所有的水汽在绝热等压过程中凝结并将产生的水去除可以获得的温度为等压相当温度 T_{ei}，然而，这个定义并不"成立"，原因是假设了一个不可逆过程的相反过程，但实际并不可能发生。

湿球温度的推导

考虑一个由干空气、水汽和液态水组成的封闭非均相系统。如果系统发生了变化，那么焓变就是

$$\Delta H = H_f - H_i$$

这里下标 i 和 f 分别代表初始态和最终态。可以用三个组分来表述以上方程

$$\Delta H = (H_{df} + H_{vf} + H_{wf}) - (H_{di} + H_{vi} + H_{wi})$$

或

$$\Delta H = (m_d h_{df} + m_{vf} h_{vf} + m_{wf} h_{wf}) - (m_d h_{di} + m_{vi} h_{vi} + m_{wi} h_{wi}) \quad (7.17)$$

如果回顾一下 l_v 的定义($l_v = h_v - h_w$),以及水的总量 $m_t = m_v + m_w$ 是守恒的(如 $m_{vi} + m_{wi} = m_{vf} + m_{wf} = m_t$),那么式(7.17)可以变换为

$$\Delta H = m_d (h_{df} - h_{di}) + m_t (h_{wf} - h_{wi}) + m_{vf} l_{vf} - m_{vi} l_{vi} \quad (7.18)$$

如果假设在气象学关心的范围内,c_{pd} 和 c_w 是近似与温度无关的,回顾式(4.18),那么可以写成

$$h_{df} - h_{di} = c_{pd}(T_f - T_i)$$
$$h_{wf} - h_{wi} = c_w(T_f - T_i)$$

此外,如果 T_i 与 T_f 区别不是很大,可以假设

$$l_{vi} = l_{vf} = l_v$$

那么式(7.18)成为

$$\Delta H = m_d c_{pd}(T_f - T_i) + m_t c_w(T_f - T_i) + (m_{vf} - m_{vi}) l_v$$

或

$$\Delta H / m_d = \left(c_{pd} + \frac{m_t}{m_d} c_w\right)(T_f - T_i) + \left(\frac{m_{vf} - m_{vi}}{m_d}\right) l_v$$

或

$$\Delta H / m_d = (c_{pd} + w_t c_w)(T_f - T_i) + (w_f - w_i) l_v$$

或

$$\Delta H / m_d = (c_{pd} + w_t c_w) \Delta T + l_v \Delta w \quad (7.19)$$

注意到 w_t(总的水混合比)对于不同的系统是不同的常数并且随着液态水的浓度改变,因此它不依赖于气温。既然还假设了 $c_{pd}, c_w, l_v \neq f(T)$,那么可以将式(7.19)变换为微分形式

$$dH / m_d = (c_{pd} + w_t c_w) dT + l_v dw \quad (7.20)$$

式(7.20)是包含干空气、水汽和液态水的封闭非均质系统在任何过程中焓变的一般表达式。如果只考虑等焓过程,那么式(7.20)成为

$$(c_{pd} + w_t c_w)(T_i - T_f) = (w_f - w_i) l_v \quad (7.21)$$

式(7.21)表明在绝热等压过程中,湿空气蒸发液态水而冷却,温度的变化与混合比的变化有关。同时可知 T_f 与 w_t 有关,当 $w_t \to 0$ 时 T_f 最小。既然 $m_t = m_v + m_w$ 不能为0(如果为0,混合比和温度都不会变化),该条件需要 $m_d \to \infty$,当然这不可能出现,但 $m_d \gg m_t$ 也是个很好的假设。把这个极限温度定义为湿球温度 T_w,在式(7.21)中可以通过设 $T_i = T, T_f = T_w, w_i = w, w_f = w_{sw}$ 且 $w_t = 0$ 来确定湿球温度

$$c_{pd}(T - T_w) = (w_{sw} - w) l_v$$

或

$$T_{\mathrm{w}} + \frac{l_{\mathrm{v}}}{c_{pd}} w_{\mathrm{sw}} = T + \frac{l_{\mathrm{v}}}{c_{pd}} w \tag{7.22}$$

w_{sw} 是在温度 T_{w} 下，在液态水表面上的饱和混合比。正如所预期的，因为 $w_{\mathrm{sw}} > w$，$T_{\mathrm{w}} < T$。

等压相当温度的估计

为了估计该温度（T_{ei}），只需要在式(7.21)中设 $w_i = w_t = w$（湿空气的混合比），$w_f = 0$，$T_i = T$ 和 $T_f = T_{\mathrm{ei}}$，那么

$$T_{\mathrm{ei}} = T + \frac{l_{\mathrm{v}} w}{c_{pd} + w c_{\mathrm{w}}} \tag{7.23}$$

很明显 $T_{\mathrm{ei}} > T$。同时，既然对于 w 的典型值（约 $10 \mathrm{~g \cdot kg^{-1}}$）$l_{\mathrm{v}}/(c_{pd} + w c_{\mathrm{w}}) \approx 2500$，由此可见 $T_{\mathrm{ei}} > T_{\mathrm{virt}}$，湿球温度和等压相当温度都不能用图解法估计，它们可以分别由式(7.22)和(7.23)中计算得出。

湿球温度与露点温度的关系

如果采取一般近似 $w \approx \varepsilon e/p$，那么可以将式(7.21)写为

$$c_p (T_i - T_f) = \frac{\varepsilon}{p} (e_f - e_i) l_{\mathrm{v}}$$

这里 $c_p = c_{pd} + w_t c_{\mathrm{w}}$，设 $T_i = T$，$T_f = T_{\mathrm{w}}$ 和 $e_f = e_{\mathrm{sw}}(T_{\mathrm{w}})$ 可得

$$e_i = e_{\mathrm{sw}}(T_{\mathrm{w}}) - \frac{p c_p}{l_{\mathrm{v}} \varepsilon} (T - T_{\mathrm{w}})$$

由露点温度的定义，可以得出 $e_i = e_{\mathrm{sw}}(T_{\mathrm{dew}})$，那么上式变换为

$$e_{\mathrm{sw}}(T_{\mathrm{dew}}) = e_{\mathrm{sw}}(T_{\mathrm{w}}) - \frac{p c_p}{l_{\mathrm{v}} \varepsilon} (T - T_{\mathrm{w}})$$

因为 $T - T_{\mathrm{w}} > 0$ 可得 $e_{\mathrm{sw}}(T_{\mathrm{dew}}) < e_{\mathrm{sw}}(T_{\mathrm{w}})$。那么，由式(6.17)可以得出

$$T_{\mathrm{dew}} < T_{\mathrm{w}}$$

截至目前，已经讨论了 5 种不同的温度：温度 T、虚温 T_{virt}、露点温度 T_{dew}、等压湿球温度 T_{w}、等压相当温度 T_{ei}，它们有如下关系

$$T_{\mathrm{dew}} < T_{\mathrm{w}} < T < T_{\mathrm{virt}} < T_{\mathrm{ei}} \tag{7.24}$$

7.2.3　不饱和湿空气的绝热膨胀（或压缩）

回顾理想气体从 p, T 到 p', T' 绝热膨胀或压缩的泊松方程

$$T' = T \left(\frac{p'}{p} \right)^{\kappa}$$

当 $p' = 1000 \mathrm{~hPa}$ 时，定义了位温 θ

$$\theta = T \left(\frac{1000}{p} \right)^{\kappa} \tag{7.25}$$

泊松方程适用于任何理想气体,因此只要采取适当的 κ 且没有发生凝结,它对湿空气也是适用的,下面可以将不饱和湿空气的位温定义为

$$\theta_m = T\left(\frac{1000}{p}\right)^{\kappa_d(1-0.26q)} \tag{7.26}$$

假如将适用于干空气的式(7.25)中的 T 替换至式(7.26),假设 $p_d \approx p$,则可以得出

$$\theta_m = \theta_d\left(\frac{1000}{p}\right)^{-\kappa_d 0.26q}$$

$$\theta_m = \theta_d\left(\frac{1000}{p}\right)^{-0.07q} \tag{7.27}$$

如之前讨论过的,在大气中 $q \ll 1$,因此近似可得

$$\theta_m \approx \theta_d$$

在虚温的情况中,可以通过式(7.25)中将 T_{virt} 代替 T 得到虚位温 θ_{virt}

$$\theta_{virt} = T_{virt}\left(\frac{1000}{p}\right)^{\kappa_d} \tag{7.28}$$

这将是干空气如果从 (T_{virt}, p) 层膨胀或压缩至 1000 hPa 层能达到的温度,因为 $T_{virt} > T$,可得 $\theta_{virt} > \theta$。

需要注意的是,即使 q 和 w 非常小(0.01 的数量级),也不应该得出这样的结论:即不饱和湿空气的所有变量或参数都与干燥空气相同。如果考虑典型值 $q = w = 0.01$,会发现虚温有 2～3 ℃的偏差并不罕见,这种差异通常不能忽略。另一方面,如前面看到的,湿位温的差异确实有时可以忽略不计(0.1 ℃的数量级),因此,从现在开始符号 θ 将被用于代表干空气和不饱和湿空气的位温。

与干绝热递减率类似,在这里可以定义湿(不饱和)绝热递减率为

$$\Gamma_m = \frac{g}{c_p} = \frac{g}{c_{pd}(1+0.87w)}$$

$$\Gamma_m = \frac{\Gamma_d}{1+0.87w} \approx \Gamma_d(1-0.87w) \tag{7.29}$$

7.2.4 绝热上升达到饱和

不饱和湿空气块绝热上升冷却,在上升过程中(只要不发生凝结),其 q 或 w 保持不变但平衡水汽压下降。同时很容易发现,因为 $e = wp/(w+\varepsilon)$,水汽压 e 也下降,因为 w 和 e 保持不变,e/p 也保持不变。既然在上升过程中 p 下降,如果 e/p 必须维持常量,则 e 必须下降。因此当不饱和湿空气绝热上升时,仅当 e 以低于 e_s 的比率下降时,它的相对湿度($r = e/e_s$)增加。如果不满足这个条件,云将不会在上升时形成,但它们仍然可以在下降时形成。然而,根据经验,云从来不会在下降的空气中

形成,所以这个条件显然得到了满足,但它背后的数学和物理原理是什么呢?

如果对式(7.7)取对数微分可得

$$\mathrm{d}\ln r = \mathrm{d}\ln e - \mathrm{d}\ln e_{\mathrm{sw}} \tag{7.30}$$

对湿空气来说,由泊松方程可知 $Tp^{\frac{1-\gamma}{\gamma}} = $ 常数。 既然 e/p 维持常量,因此 $Te^{\frac{1-\gamma}{\gamma}} = $ 常数,那么再次通过对数微分,可以得到

$$\mathrm{d}\ln T = \frac{\gamma-1}{\gamma}\mathrm{d}\ln e \tag{7.31}$$

结合式(7.30)和(7.31),用 C-C 方程可得

$$\mathrm{d}\ln r = \frac{\gamma}{\gamma-1}\mathrm{d}\ln T - \frac{l_{\mathrm{v}}}{R_{\mathrm{v}}T^2}\mathrm{d}T \tag{7.32}$$

式(7.32)中右侧第一项代表由于 e 的减小引起的相对湿度的变化,而第二项是由于温度的降低引起的相对湿度的变化。由于一项是正的,另一项是负的,所以净结果可能是正的,也可能是负的。这表明绝热膨胀可以导致 r 的增加或减少,反之(绝热压缩)也可能导致 r 的减少或增加,这打开了通往"云事实上可以在下降过程中形成"这个奇异场景之路。如果重写式(7.32)为

$$\frac{\mathrm{d}r}{\mathrm{d}T} = \frac{r}{T}\left(\frac{\gamma}{\gamma-1} - \frac{l_{\mathrm{v}}}{R_{\mathrm{v}}T}\right)$$

可以看到,如果

$$\frac{\gamma}{\gamma-1} > \frac{l_{\mathrm{v}}}{R_{\mathrm{v}}T} \tag{7.33}$$

那么当 $\mathrm{d}T < 0$ 时 $\mathrm{d}r < 0$,当 $\mathrm{d}T > 0$ 时 $\mathrm{d}r > 0$,这表明云可以在下降过程中形成。假设典型值 $\gamma \approx 1.4$, $l_{\mathrm{v}} = 2.5 \times 10^6$ J·kg^{-1},且 $R_{\mathrm{v}} = 461.5$ J·kg^{-1}·K^{-1},能够发现只有当 $T \geqslant 1550$ K 时,不等式(7.33)才满足。显然,这样的情况并不存在于我们的星球上,因此云只能在上升时形成。然而,只要有一颗奇特的行星,它的大气层中有一种可凝结的较小 l_{v} 的气体,那么所有这些情况都可能发生。

既然已经解决了这个问题,那么可以预计上升的不饱和湿空气最终将达到 100% 的相对湿度,之后为了维持平衡状态会立即发生凝结,上升不饱和湿气块达到饱和的气层称为抬升凝结层(lifting condensation level, LCL),该层次上的温度 T_{LCL} 称为饱和温度。通过对式(7.32)从初始态 T, T_{dew}, r 积分到最终态 $T_{\mathrm{LCL}} = T_{\mathrm{dew,LCL}}$, $r_{\mathrm{LCL}} = 1$ 可得

$$-\ln r = \frac{\gamma}{\gamma-1}\ln\frac{T_{\mathrm{LCL}}}{T} + \frac{l_{\mathrm{v}}}{R_{\mathrm{v}}}\left(\frac{1}{T_{\mathrm{LCL}}} - \frac{1}{T}\right) \tag{7.34}$$

因为 $r = e/e_{\mathrm{sw}}(T)$,且 $e = e_{\mathrm{sw}}(T_{\mathrm{dew}})$,由 C-C 方程可得

$$e_{\mathrm{sw}}(T_{\mathrm{dew}}) = 6.11\exp\left(\frac{l_{\mathrm{v}}}{273R_{\mathrm{v}}} - \frac{l_{\mathrm{v}}}{R_{\mathrm{v}}T_{\mathrm{dew}}}\right)$$

和

$$e_{sw}(T) = 6.11\exp\left(\frac{l_v}{273R_v} - \frac{l_v}{R_v T}\right)$$

将上述两式相除并取对数得

$$-\ln r = \frac{l_v}{R_v}\left(\frac{T - T_{dew}}{TT_{dew}}\right)$$

因此,式(7.34)成为

$$\frac{T - T_{dew}}{TT_{dew}} = A\ln\frac{T_{LCL}}{T} + \left(\frac{1}{T_{LCL}} - \frac{1}{T}\right) \tag{7.35}$$

式中

$$A = \left(\frac{\gamma}{\gamma - 1}\right)\Big/\left(\frac{l_v}{R_v}\right)$$

式(7.35)能够通过数值求解由 T 和 T_{dew} 得到饱和温度 T_{LCL},如果不想解方程的话,可以采用波顿(Bolton,1980)提出的近似估算

$$T_{LCL} = \frac{1}{\dfrac{1}{T - 55} - \dfrac{\ln r}{2840}} + 55 \tag{7.36}$$

其中 T 的单位是 K, $r = w/w_{sw}$, $w_{sw} = \varepsilon\left[e_{sw}/(p - e_{sw})\right]$, $e_{sw} = 6.11\exp(19.83 - 5417/T)$, $T - T_{dew} = -R_v TT_{dew}\ln r/l_v$。

气块从温度为 T 的初始层上升到温度为 T_{LCL} 的气压层膨胀,因此在 LCL 层的水汽密度小于初始层,由理想气体定律可得 $e(T_{LCL}) < e(T)$,因为 $T_{LCL} = T_{dew,LCL}$,且 $e(T) = e_{sw}(T_{dew})$ 这个不等式等价于 $e_{sw}(T_{LCL}) < e_{sw}(T_{dew})$,那么由式(6.17)可得 $T_{LCL} < T_{dew}$。因此,关系式(7.24)可以扩展至再增加一个温度

$$T_{LCL} < T_{dew} < T_w < T < T_{virt} < T_{ei} \tag{7.37}$$

估计 LCL 的高度

对于一个给定气块 LCL 的高度(z_{LCL})只依赖于它的温度和相对湿度。在 z_{LCL} 层,气块的温度等于它的露点温度: $T_{LCL} = T_{dew,LCL}$,因为气块从参考高度 z_0 抬升,根据式(7.38),其温度下降

$$T(z) = T_0 - \Gamma_d(z - z_0) \tag{7.38}$$

式中 T_0 是 z_0 高度上气块的温度,同时假设 $\Gamma_m \approx \Gamma_d$。类似地,它的露点温度也是下降的,由此可得

$$T_{dew}(z) = T_{dew,0} - \Gamma_{dew}(z - z_0) \tag{7.39}$$

式中 Γ_d 和 Γ_{dew} 均为常数,由式(7.38)和(7.39)可得

$$T_{LCL} = T_0 - \Gamma_d(z_{LCL} - z_0)$$

$$T_{dew,LCL} = T_{dew,0} - \Gamma_{dew}(z_{LCL} - z_0)$$

或因为 $T_{LCL} = T_{dew,LCL}$,则

$$z_{\text{LCL}} - z_0 = \frac{T_0 - T_{\text{dew},0}}{\Gamma_\text{d} - \Gamma_{\text{dew}}} \tag{7.40}$$

在式(7.40)中,除 Γ_{dew} 外均已知,为了估计 Γ_{dew},可以进行如下步骤,定义露点的方程为 $e = e_{\text{sw}}(T_{\text{dew}})$,对 z 求导可得

$$\frac{\text{d}e_{\text{sw}}(T_{\text{dew}})}{\text{d}z} = \frac{\text{d}e}{\text{d}z}$$

或

$$\frac{\text{d}e_{\text{sw}}(T_{\text{dew}})}{\text{d}T_{\text{dew}}} \frac{\text{d}T_{\text{dew}}}{\text{d}z} = \frac{\text{d}e}{\text{d}z} \tag{7.41}$$

现在知道 $e = wp/(w + \varepsilon)$,如果假设直到出现凝结时,w 保持常量,有

$$\frac{\text{d}e}{\text{d}z} = \frac{w}{w + \varepsilon} \frac{\text{d}p}{\text{d}z}$$

或

$$\frac{\text{d}e}{\text{d}z} = \frac{e}{p} \frac{\text{d}p}{\text{d}z} = \frac{e_{\text{sw}}(T_{\text{dew}})}{p} \frac{\text{d}p}{\text{d}z} \tag{7.42}$$

结合式(7.41)和(7.42)可得

$$\frac{1}{e_{\text{sw}}(T_{\text{dew}})} \frac{\text{d}e_{\text{sw}}(T_{\text{dew}})}{\text{d}T_{\text{dew}}} \frac{\text{d}T_{\text{dew}}}{\text{d}z} = \frac{1}{p} \frac{\text{d}p}{\text{d}z}$$

考虑到 C-C 方程,则可以将上式简化为

$$\frac{l_\text{v}}{R_\text{v} T_{\text{dew}}^2} \frac{\text{d}T_{\text{dew}}}{\text{d}z} = \frac{1}{p} \frac{\text{d}p}{\text{d}z} \tag{7.43}$$

因为上升运动假定为绝热的,由泊松方程可得

$$\text{dln}T = \frac{\gamma - 1}{\gamma} \text{dln}p$$

或

$$\frac{\text{d}T}{T\text{d}z} = \frac{\gamma - 1}{\gamma} \frac{\text{d}p}{p\text{d}z} \tag{7.44}$$

由式(7.43)和(7.44)可得

$$\frac{l_\text{v}}{R_\text{v} T_{\text{dew}}^2} \frac{\text{d}T_{\text{dew}}}{\text{d}z} = \frac{\gamma}{\gamma - 1} \frac{\text{d}T}{T\text{d}z}$$

$$= \frac{\gamma}{(\gamma - 1)T} \left(-\frac{g}{c_{pd}} \right)$$

或假设 $\gamma \approx \gamma_\text{d}$

$$\frac{l_\text{v}}{R_\text{v} T_{\text{dew}}^2} \frac{\text{d}T_{\text{dew}}}{\text{d}z} = -\frac{g}{R_\text{d} T}$$

然后有

$$\Gamma_{\text{dew}} = -\frac{\text{d}T_{\text{dew}}}{\text{d}z} = \frac{g}{\varepsilon l_\text{v}} \frac{T_{\text{dew}}^2}{T}$$

在大气中上式右侧的值介于 $1.7 \sim 1.9 \ ℃ \cdot km^{-1}$。因此,一般来说可以假设 T_{dew} 随高度增加而减小,下降的比率为

$$\Gamma_{dew} = 1.8 \ ℃ \cdot km^{-1}$$

将式(7.40)中的下标 0 去掉,LCL 的高度可由如下近似关系得到

$$z_{LCL} - z \approx \frac{T - T_{dew}}{8} \tag{7.45}$$

式(7.35)或(7.36)和式(7.45)给出了由参考层 z 的温度和露点温度计算得出云开始形成气层的温度和高度(单位:km)。通过绝热上升达到饱和,T_{LCL} 和 LCL 的高度可以由图 7.4 估计。该图的设置与图 7.3 相同,因为气块初始是不饱和的,气块从初始态 (p, T)(回顾 $\theta_m \approx \theta_d$)沿着干绝热线上升。气块上升时(沿箭头)冷却达到 $w_{sw} = 10 \ g \cdot kg^{-1}$ 线,与气压层(高度)$p_{LCL}(z_{LCL})$ 相交。在该点上,温度为 T_{LCL},如图所示 $T_{LCL} < T_{dew}$。

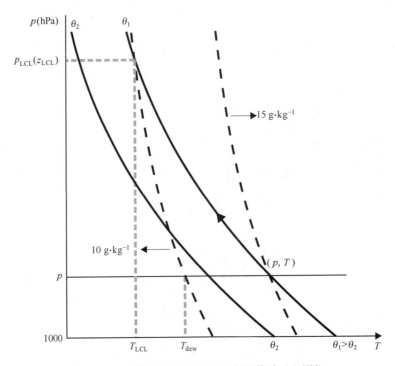

图 7.4　抬升凝结高度和饱和温度的估计过程图解

7.2.5　饱和上升

一旦达到饱和,继续上升会导致相对湿度的进一步增加,这意味着水汽压变得大于平衡水汽压。这时,系统在"多余的"水汽凝结并且在凝结核上形成水滴(或冰,取决于温度)后将重回平衡态,这时需要从这一点上考虑两种极端的可能性:(1)凝

结物留在气块中,因为如果在逆转上升的过程,凝结物会蒸发,因此这是可逆的过程。该过程同时也是绝热的,由于假设在气块和环境之间没有热量交换,既可逆又绝热,意味着也是等熵的。(2)所有的凝结物掉落,气块始终包含干空气和饱和的水汽,这使得气块成为一个开放系统,显然,这个过程既不可逆也不绝热,因此它不是等熵的,将这个过程称之为假绝热过程。现实中,两种极端的情况可能永远都不会存在,因为一部分凝结物可能悬浮在气块中。然而由于条件的限制,极端个例更容易处理,但对极端个例的研究为真实个例的研究提供了有用的见解和粗略估算。

可逆饱和绝热过程

由于这一过程假定是可逆的,所以由干空气、水汽和液态水(如果太冷,则为冰)组成的非均相系统必须始终处于平衡状态。在这种情况下,系统的总熵 S 是守恒的:

$$S = S_d + S_v + S_w = 常数$$

如果上式所有项除以干空气的质量,可得如下表达式

$$\frac{S}{m_d} = s_d + \frac{m_v}{m_d}s_v + \frac{m_w}{m_d}s_w$$

考虑到当气块是饱和的($w = w_{sw}$),总水汽混合比的定义($w_t = (m_v + m_w)/m_d$),上式可以写为

$$\frac{S}{m_d} = s_d + w_{sw}s_v + (w_t - w_{sw})s_w \tag{7.46}$$

对可逆过程来说

$$dS = \frac{\delta Q}{T} = \frac{dU}{T} + \frac{p\,dV}{T} = \frac{1}{T}\left[\left(\frac{\partial U}{\partial T}\right)_V dT + \left(\frac{\partial U}{\partial V}\right)_T dV\right] + \frac{p}{T}dV \tag{7.47}$$

此外

$$dS = \left(\frac{\partial S}{\partial T}\right)_V dT + \left(\frac{\partial S}{\partial V}\right)_T dV \tag{7.48}$$

由式(7.47)和(7.48)可得

$$\left(\frac{\partial S}{\partial T}\right)_V = \frac{1}{T}\left(\frac{\partial U}{\partial T}\right)_V \tag{7.49}$$

和

$$\left(\frac{\partial S}{\partial V}\right)_T = \frac{1}{T}\left[\left(\frac{\partial U}{\partial V}\right)_T + p\right] \tag{7.50}$$

对于温度 T 和气压 p,处于平衡态的液态水和水汽,式(7.50)给出

$$T\frac{S_v - S_w}{V_v - V_w} = \frac{U_v - U_w}{V_v - V_w} + p$$

或

$$T(S_v - S_w) = U_v - U_w + p(V_v - V_w)$$

如果利用式(6.3)上述方程则变换为

$$T(S_v - S_w) = H_v - H_w = L_v$$

或

$$T(s_v - s_w) = l_v$$

将上式中的 s_v 替换到式(7.46)中可得

$$\frac{S}{m_d} = s_d + w_t s_w + \frac{l_v w_{sw}}{T} \qquad (7.51)$$

现在考虑到

$$s_d = c_{pd} \ln T - R_d \ln p_d + 常数 \quad [p = p_d + e_{sw}(T)]$$

并且,由式(5.9)

$$s_w = c_w \ln T + 常数$$

由此可见,式(7.51)变换为

$$\frac{S}{m_d} = (c_{pd} + w_t c_w) \ln T - R_d \ln p_d + \frac{l_v w_{sw}}{T} + 常数 \qquad (7.52)$$

既然这里 S 和 m_d 是守恒的,可得

$$(c_{pd} + w_t c_w) \ln T - R_d \ln p_d + \frac{l_v w_{sw}}{T} = 常数' \qquad (7.53)$$

同以前一样,这里假设 $w_t, c_{pd}, c_w \neq f(T)$,而式(7.5)和(6.17)表明 w_{sw} 是 T 的函数。如果假设 l_v 是 T 的函数(因为气块可能会上升至非常低的温度),那么可以将式(7.53)写成另外一种形式,如下

$$(c_{pd} + w_t c_w) d\ln T - R_d d\ln p_d + d\left(\frac{l_v w_{sw}}{T}\right) = 0 \qquad (7.54)$$

式(7.53)和(7.54)描述了可逆饱和绝热过程,注意这里 T 和 p 对应着饱和。

现在如果定义 θ' 为

$$\theta' = T \left(\frac{1000}{p_d}\right)^{R_d/(c_{pd} + w_t c_w)} \qquad (7.55)$$

可得

$$(c_{pd} + w_t c_w) d\ln\theta' = (c_{pd} + w_t c_w) d\ln T - R_d d\ln p_d \qquad (7.56)$$

结合式(7.56)和(7.54)有

$$(c_{pd} + w_t c_w) d\ln\theta' = -d\left(\frac{l_v w_{sw}}{T}\right)$$

或

$$d\ln\theta' = -d\left[\frac{l_v w_{sw}}{(c_{pd} + w_t c_w) T}\right]$$

对上式积分可得

$$\theta' \exp\left[\frac{l_v w_{sw}}{(c_{pd} + w_t c_w) T}\right] = 常数 \qquad (7.57)$$

式(7.57)定义了描述可逆饱和绝热过程的曲线族,在所有水汽都凝结的状态下($w_{sw}=0$)能够计算式(7.57),这定义了一个新的温度,相当位温 θ_e,如下

$$\theta_e =\theta' \exp\left[\frac{l_v w_{sw}}{(c_{pd}+w_t c_w)\,T}\right]= 常数 \tag{7.58}$$

尽管 θ_e 是为饱和空气定义的,但是当考虑不饱和气块在温度 T,气压 p,混合比 w 抬升至 LCL 的情形时,同样适用。在 LCL 层,则有

$$\theta'= T_{LCL}\left(\frac{1000}{p_d}\right)^{R_d/(c_{pd}+w_t c_w)}$$

(式(7.55)),因而

$$\theta_e = T_{LCL}\left(\frac{1000}{p_d}\right)^{R_d/(c_{pd}+w_t c_w)}\exp\left[\frac{l_v(T_{LCL})w}{(c_{pd}+w_t c_w)\,T_{LCL}}\right] \tag{7.59}$$

注意到,在以上的两个表达式中 $p_d = p_{LCL}-e_{sw}(T_{LCL})$,另外一种由伊曼纽尔(Emanuel,1994)提出的在 T,p,w 条件下不饱和空气 θ_e 的表达式为

$$\theta_e = T\left(\frac{1000}{p_d}\right)^{R_d/(c_{pd}+w_t c_w)} r^{-wR_v/(c_{pd}+w_t c_w)}\exp\left[l_v w/(c_{pd}+w_t c_w)\,T\right] \tag{7.60}$$

式中 r 是相对湿度,这里 $p_d = p-e(T)$,当初始混合比为 0,式(7.59)和(7.60)均可得(正如所预期的)$\theta_e =\theta$(位温)。

回顾一下湿位温 θ_m(式(7.26))为

$$\theta_m = T\left(\frac{1000}{p}\right)^{R_d/c_{pd}(1-0.26w)}$$

对比 $\theta_m (\approx\theta)$ 和 θ' 表明,θ' 只是约等于 θ。根据 θ' 的定义,由式(7.60)可得,相当位温约等于一个气块被抬升到非常低气压的大气层以至于所有的水汽都凝结($w=0$)时气块将具有的位温。

假绝热过程

可逆的饱和绝热过程的描述依赖于 w_t 的值,这种依赖关系的问题是尽管给定(p,T) 可以确定 w_{sw},w_t 却不能。液态水混合比可以取任何值,因此在给定的(p,T)点,可能存在无数的可逆饱和绝热过程。如果要在(p,T)域中描述这样的过程,将带来极大的不便。这个问题可以通过定义一个叫做假绝热过程的新过程来解决。在此过程中,假设液态水一生成就被去除,这样就消除了液态水。显然,目前系统是一个开放的系统,这个过程是不可逆的。然而,可以把整个过程视作是一个两步的过程。第一步,是可逆饱和绝热过程,一部分质量为 dm_w 的水凝结。第二步,生成的水离开系统。对于第一步,熵可以如先前的定义,但省略液态水项。因此,在式(7.52)中设 $w_t = w_{sw}$,可得

$$\frac{S}{m_d}= (c_{pd}+w_{sw}c_w)\ln T -R_d\ln p_d +\left(\frac{l_v w_{sw}}{T}\right)+ 常数 \tag{7.61}$$

因为在这个阶段 S 和 m_d 守恒,可以将式(7.61)写成微分形式

$$d\left[(c_{pd}+w_{sw}c_w)\ln T\right]-R_d d\ln p_d + d\left(\frac{l_v w_{sw}}{T}\right)=0 \tag{7.62}$$

水形成后立即被去除,从而降低了系统的熵。但是这个过程对 T 和 p 的值没有影响,因此此式(7.62)描述了假绝热过程中 p 和 T 的变化。式(7.62)与式(7.54)非常相似,但是这里 w_{sw} 与温度有关,然而式(7.54)中 w_t 与温度无关,这使得式(7.62)非常难以解析求解。但与相当位温的情况类似,可以采取数值方法来定义假相当位温 θ_{ep},如博尔顿(Bolton,1980)所示,在 0.3 ℃内,θ_{ep} 可以由式(7.63)给出

$$\theta_{ep}=T\left(\frac{1000}{p}\right)^{0.285(1-0.28w)}\exp\left[w(1+0.81w)\left(\frac{3376}{T_{LCL}}-2.54\right)\right] \tag{7.63}$$

这里(T,p,w)代表任意状态的气块,饱和或者不饱和(w 为无量纲量,T 和 T_{LCL} 的单位是 K)。

假相当位温可以解释为气块在如下热力学过程中可以获得的真实的温度:(a)假绝热膨胀到零(或一个非常低的)气压层,在该气压层上,可以假设所有的水汽都已凝结且掉落;(b)随后干绝热下降到 1000 hPa。注意根据 θ_e 的定义(凝结物不离开气块),其没有类似的含义。然而在可逆饱和绝热过程和假绝热过程中气块温度的区别并不大,当大气过程介于真正的可逆饱和绝热过程和假绝热过程之间时,是可以忽略的。如果假设 $w_{sw}\approx w_t \ll c_{pd}$(如 $c_{pd}+w_{sw}c_w \approx c_{pd}$)和 $p_d \gg e_{ws}$(如 $p\approx p_d$),这是很容易证实的。在这种情况下,式(7.54)和式(7.62)是一样的:$c_{pd}d\ln T-R_d d\ln p+d(w_{sw}l_v/T)=0$。

图 7.5 图形化地表示了饱和上升过程。在 LCL 层气块是饱和的,随着它继续沿着饱和绝热线(图中折线)上升并通过点(p_{LCL},T_{LCL}),由式(7.62)或(7.63)可知,实际上是假绝热线。在一些气压非常低的层次(如 200 hPa),可以假设所有的水汽凝结并且凝结物掉落。在这种限制下,假绝热线靠近干绝热线(图中实线),这个干绝热线对应于 θ_{ep};换句话说,如果下降至 1000 hPa,则对应于假相当位温。

7.2.6 关于温度的内容延伸

从 0 气压层干绝热下降至 1000 hPa 气压层定义了假相当位温 θ_{ep},在原始的(p,T)层,定义了假相当温度 T_{ep}(图 7.6)。既然下降是干绝热的,则有

$$T_{ep}=\theta_{ep}\left(\frac{p}{1000}\right)^{k_d}$$

因为 $T=\theta(p/1000)^{k_d}$,可得

$$T_{ep}=T\frac{\theta_{ep}}{\theta} \tag{7.64}$$

如果回顾一下 T_{ei} 的定义(即温度在 LCL 层之下的某些层次等压的上升直到所有的水汽凝结)以及 T_{ep} 的定义,可以得出 $T_{ei}=T_{ep}$ 的结论。然而,因为在等压过程

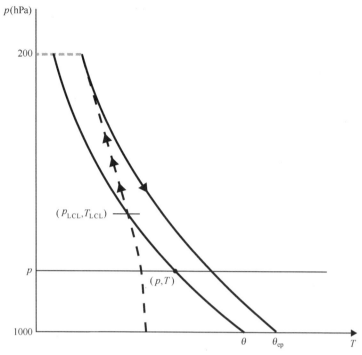

图 7.5　假相当位温的估计过程示意图

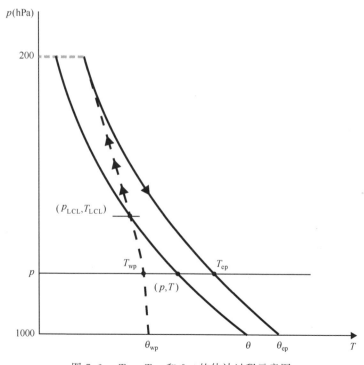

图 7.6　T_{ep}、T_{wp} 和 θ_{wp} 的估计过程示意图

中水保持在 T 和 T_{ei} 之间的温度,在假绝热过程中则保持在较低的温度,在较低温度下的水将需要从环境中获得更多的热量来蒸发,反之会导致温度高于 T_{ei},因此 $T_{ep} > T_{ei}$,这使得 T_{ep} 是最高的温度。

还可以定义更多的温度,这里不再赘述。只要记住在给定的状态下,如果空气是不饱和的,干绝热至 1000 hPa 便可以定义相应的位温。因此从状态 (T_{ei}, p),可以被定义等压的相当位温 θ_{ei}。因为 $T_{ep} > T_{ei}$,可以推出 $\theta_{ep} > \theta_{ei}$,还可以推出 $\theta_{ep} > \theta$。

类似地,如果气块是饱和的,沿假绝热到初始层或者 1000 hPa 层还可定义更多的温度。例如,回顾一下 T_w 是干绝热过程达到饱和时获得的温度,随后从点 (T_{LCL}, P_{LCL}) 沿假绝热到 (T, p) 层定义了假湿球温度 T_{wp},继续降至 1000 hPa 定义假湿球位温 θ_{wp},见图 7.6。很明显,因为 θ_{ep} 和 θ_{wp} 是用同一条曲线定义的,在一个假绝热过程中,它们必定是相关联和守恒的,θ_{wp} 可以由式(7.63)通过设 $T = T_{LCL} = \theta_{wp}$ 和 $w' = w_s(p = 1000\ \text{hPa}, T = \theta_{wp})$ 估计,如

$$\theta_{ep} = \theta_{wp} \exp\left[w'(1 + 0.81 w') \left(\frac{3376}{\theta_{wp}} - 2.54 \right) \right] \tag{7.65}$$

同样地,由点 (T_w, p) 假绝热到 1000 hPa 定义等压湿球位温 θ_w。这里需要注意到,T_{wp} 和 T_w(或者 θ_{wp} 和 θ_w)并不完全一样。T_w 和 θ_w 对应于真实的饱和绝热过程,而 T_{wp} 和 θ_{wp} 对应于假绝热过程。因为在真实的饱和绝热过程中仍存在水,说明 $T_{wp} < T_w$ 且 $\theta_{wp} < \theta_w$。

如果在初始点 (p, T)(图 7.6)水汽含量 (w) 更高,干绝热上升持续的时间将更短,因而 LCL 将在更高的气压和温度下达到。通过该点的假绝热过程将有更高的温度,这意味着更高的 θ_{wp}(或 θ_{ep})值对应更高的湿度(与式(7.63)一致)。

下面是所有的温度和位温以及它们之间的关系:

$$T_{LCL} < T_{dew} < T_{wp} < T_w < T < T_{virt} < T_{ei} < T_{ep}$$
$$\theta_{wp} < \theta_w < \theta(\approx \theta_m) < \theta_{virt} < \theta_{ei} < \theta_{ep} \tag{7.66}$$

7.2.7 饱和绝热递减率

因为在可逆饱和绝热上升过程中水汽凝结散热,上升空气的冷却会减慢。因此相应的递减率比干空气或不饱和湿空气绝热上升要小。

由式(7.54)可以推导出饱和递减率 Γ_s 的表达式:

$$c_p \frac{dT}{T} - R_d \frac{dp_d}{p_d} + d\left(\frac{l_v w_{sw}}{T} \right) = 0$$

这里 $c_p = c_{pd} + w_t c_w$,上式所有的项乘以 T/c_p 可得

$$dT - \frac{R_d T}{c_p p_d} d(p - e_{sw}) + \frac{1}{c_p} d(l_v w_{sw}) - \frac{l_v w_{sw}}{c_p T} dT = 0$$

此处已经考虑到 $p = p_d + e_{sw}$。第二项,利用 $de_{sw}/dT = e_{sw} l_v / R_v T^2$ 格式的 C-C

方程和 $R_d e_{sw}/R_v p_d = w_{sw}$ 可以写为

$$-\frac{R_d T}{c_p p_d}\mathrm{d}p + \frac{w_{sw}l_v}{c_p T}\mathrm{d}T$$

把该项替换到前式中,将所有项除以 $\mathrm{d}z$,假定 $\mathrm{d}p \approx \mathrm{d}p_d$,利用静力近似,导出

$$\frac{\mathrm{d}T}{\mathrm{d}z} = -\frac{g}{c_p} - \frac{1}{c_p}\frac{\mathrm{d}}{\mathrm{d}z}(l_v w_{sw}) \tag{7.67}$$

注意因为在上述方程中 $c_p \neq c_{pd}$,$-g/c_p$ 不完全是干绝热递减率,通过对方程右侧求导,可以将式(7.67)写为

$$\frac{\mathrm{d}T}{\mathrm{d}z} = -\frac{g}{c_p} - \frac{w_{sw}}{c_p}\frac{\mathrm{d}l_v}{\mathrm{d}z} - \frac{l_v}{c_p}\frac{\mathrm{d}w_{sw}}{\mathrm{d}z}$$

或

$$\frac{\mathrm{d}T}{\mathrm{d}z} = -\frac{g}{c_p} - \frac{w_{sw}}{c_p}\frac{\mathrm{d}l_v}{\mathrm{d}T}\frac{\mathrm{d}T}{\mathrm{d}z} - \frac{l_v}{c_p}\frac{\mathrm{d}w_{sw}}{\mathrm{d}z}$$

或

$$\left(1 + \frac{w_{sw}}{c_p}\frac{\mathrm{d}l_v}{\mathrm{d}T}\right)\frac{\mathrm{d}T}{\mathrm{d}z} = -\frac{g}{c_p} - \frac{l_v}{c_p}\frac{\mathrm{d}w_{sw}}{\mathrm{d}z} \tag{7.68}$$

利用式(6.12),式(7.68)变换为

$$\left[1 - \frac{w_{sw}(c_w - c_{pv})}{c_p}\right]\frac{\mathrm{d}T}{\mathrm{d}z} = -\frac{g}{c_p} - \frac{l_v}{c_p}\frac{\mathrm{d}w_{sw}}{\mathrm{d}z}$$

c_w、c_{pv}、c_p 和 w_{sw} 的典型值分别是 $4220\ \mathrm{J \cdot kg^{-1} \cdot K^{-1}}$、$1850\ \mathrm{J \cdot kg^{-1} \cdot K^{-1}}$、$1050\ \mathrm{J \cdot kg^{-1} \cdot K^{-1}}$ 和 0.01,这些值使得项 $w_{sw}(c_w - c_{pv})/c_p$ 的量级为 0.02,因此可以忽略得到以下近似方程

$$\frac{\mathrm{d}T}{\mathrm{d}z} = -\frac{g}{c_p} - \frac{l_v}{c_p}\frac{\mathrm{d}w_{sw}}{\mathrm{d}z} \tag{7.69}$$

现在需要做的是为 $\mathrm{d}w_{sw}/\mathrm{d}z$ 找一个表达式,故对数求导式(7.5)可得

$$\frac{1}{w_{sw}}\frac{\mathrm{d}w_{sw}}{\mathrm{d}z} = -\frac{1}{p}\frac{\mathrm{d}p}{\mathrm{d}z} + \frac{1}{e_{sw}}\frac{\mathrm{d}e_{sw}}{\mathrm{d}z}$$

$$= -\frac{1}{p}\frac{\mathrm{d}p}{\mathrm{d}z} + \frac{1}{e_{sw}}\frac{\mathrm{d}e_{sw}}{\mathrm{d}T}\frac{\mathrm{d}T}{\mathrm{d}z}$$

式中 p 是气块或周边环境的总气压。如果再用静力近似和 C-C 方程,上式可以变换为

$$\frac{1}{w_{sw}}\frac{\mathrm{d}w_{sw}}{\mathrm{d}z} = \frac{g}{RT} + \frac{l_v}{R_v T^2}\frac{\mathrm{d}T}{\mathrm{d}z} \tag{7.70}$$

结合式(7.70)和(7.69)可推出

$$\Gamma_s = -\frac{\mathrm{d}T}{\mathrm{d}z} = \frac{g}{c_p}\frac{1 + l_v w_{sw}/RT}{1 + l_v^2 w_{sw}/c_p R_v T^2} \tag{7.71}$$

式中 $c_p = c_{pd} + w_t c_w$,R 是环境气体常数。在其他的热动力学书中,可能会发现 Γ_s

的公式存在少许差异。大多数的差异是因为假设或者近似造成的,对于低层对流层饱和混合比和温度的典型值,Γ_s 的范围约为 $5 \ ℃ \cdot km^{-1}$,大约是干绝热递减率的一半。

7.3　其他有趣的过程

7.3.1　绝热等压混合

考虑一下温度为 T_1 和 T_2 以及湿度为 q_1 和 q_2 的两个空气团在等压下混合,这对应着水平的混合,如果假设混合是绝热过程,那么它也是等熵的。如果假设没有凝结发生,则可以给出整个系统的熵变为

$$\Delta H = m_1 \Delta h_1 + m_2 \Delta h_2 = 0 \tag{7.72}$$

式中

$$\Delta h_1 = c_{p1} \Delta T = c_{p1} (T - T_1)$$
$$\Delta h_2 = c_{p2} \Delta T = c_{p2} (T - T_2)$$

式中 T 是混合物的最终温度,考虑式(7.11),式(7.72)变换为

$$m_1 c_{pd} (1 + 0.87 q_1) (T - T_1) + m_2 c_{pd} (1 + 0.87 q_2) (T - T_2) = 0$$

求解 T 可得

$$T = \frac{(m_1 T_1 + m_2 T_2) + 0.87(m_1 q_1 T_1 + m_2 q_2 T_2)}{m + 0.87 m_v} \tag{7.73}$$

在式(7.73)中,$m = m_1 + m_2$ 是总质量,$m_v = m_1 q_1 + m_2 q_2$ 是总水汽质量。既然没有凝结,m_v 保持常数,如果最终比湿为 q,那么水汽质量为 qm,可得

$$q = \frac{m_1 q_1 + m_2 q_2}{m} \tag{7.74}$$

如最终 q 是 q_1 和 q_2 的权重平均,利用式(7.74),可以将式(7.73)写为

$$T = \frac{(m_1 T_1 + m_2 T_2) + 0.87(m_1 q_1 T_1 + m_2 q_2 T_2)}{m(1 + 0.87 q)} \tag{7.75}$$

如果忽略式(7.75)中所有的水汽项可得

$$T \approx \frac{m_1 T_1 + m_2 T_2}{m} \tag{7.76}$$

这表明混合物的温度近似等于初始温度的权重平均。可以证明混合物的位温和水汽压也可以近似地表示为初始值的权重平均(习题7.1)

$$\theta \approx \frac{m_1 \theta_1 + m_2 \theta_2}{m} \tag{7.77}$$

$$e \approx \frac{m_1 e_1 + m_2 e_2}{m} \tag{7.78}$$

式(7.76)和(7.78)表明在水汽压－温度图(图 7.7)中,如果两个气团对应于点 A_1 和点 A_2,那么混合物对应于点 A,它位于连接 A_1 和 A_2 的直线上。由三角形 $AA_{1'}A_1$ 和 $A_2A_{2'}A$ 的相似可得:点 A 的位置将会出现在满足 $A_1A/AA_2 = AA_{1'}/A_2A_{2'} = (T_1 - T)/(T - T_2) = m_2/m_1$ 处,这里使用了式(7.76)。图 7.7 中的细实线代表了对应于点 A_1、A_2 和 A 的等相对湿度线。由它们的曲率可以看出,最终的相对湿度将大于权重平均。这很容易通过一个简单的个例来看出,如两个空气块具有相同的相对湿度的情况下,点 A_1 和点 A_2 落在相同的等相对湿度曲线上(图 7.8)。那么点 A 将会落在曲线的左侧,说明最终的相对湿度大于权重平均 $(mr + mr)/2m = r$,因此可以得出等压绝热混合增加相对湿度的结论。这是个非常有趣的结论,因为它暗示了初始是不饱和的两个空气块(但是接近饱和)可能会形成过饱和的混合物,在这个例子中将会出现凝结,这个机制能形成混合雾和大气中其他的重要过程。

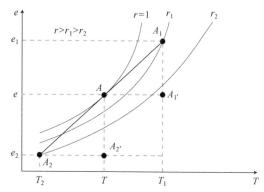

图 7.7　当两个初始不饱和的空气块(A_1 在 r_1 线上,A_2 在 r_2 线上)等压混合,最终的产物(A)可能是饱和的

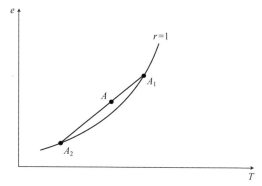

图 7.8　当两个饱和($r=1$)空气块(A_1 和 A_2)等压混合,最终的产物(A)是过饱和的

7.3.2 垂直混合

现在看一下由于湍流和(或)对流过程而发生的垂直混合。这个过程比之前的复杂得多,因为现在 T 和 p 的垂直变化出现了。然而,可以通过如下步骤来简化处理垂直混合。(1)考虑两个分开位于 p_1 和 p_2($p_1 > p_2$)气压层的空气块 m_1 和 m_2,温度分别为 T_1 和 T_2,被移动到气压层 p 在此处进行等压混合;(2)混合物在 $\Delta p = p_1 - p_2$ 层重新分布,气块移到 p 层的过程可以视为绝热上升和下降(在此过程中比湿 q_1 和 q_2 保持不变),从而得出气团的新温度

$$T_1' = T_1 \left(\frac{p}{p_1}\right)^k$$

$$T_2' = T_2 \left(\frac{p}{p_2}\right)^k$$

一旦在气压层 p,空气块等压混合,根据上一节中的讨论,可得在这种情况下

$$T \approx \frac{m_1 T_1' + m_2 T_2'}{m}$$

$$q \approx \frac{m_1 q_1 + m_2 q_2}{m} \tag{7.79}$$

和

$$\theta \approx \frac{m_1 \theta_1 + m_2 \theta_2}{m}$$

式中 θ_1 和 θ_2 是初始的位温值,在绝热上升和下降中保持为常数,随后在 Δp 大气层中混合物的重新分布将会保持 θ,假设其已经考虑了绝热上升和下降。由此可以推出,当充分混合时,θ 不会随高度变化,可以通过考虑 n 个气团的混合,并利用加权平均的一般表达式来给出式(7.79)的一般形式。例如

$$\overline{\theta} = \frac{\int_0^m \theta \, dm}{m}$$

$$\overline{q} = \frac{\int_0^m q \, dm}{m}$$

$$\overline{w} = \frac{\int_0^m w \, dm}{m}$$

通过静力近似,将上式表示为

$$\overline{x} = \frac{\int_0^z x\rho \, dz}{\int_0^z \rho \, dz} = -\frac{\int_{p_1}^{p_2} x \, dp}{p_1 - p_2}$$

式中 x 是 θ,或 q,或 w。

温度随气压的变化可以由式(7.80)表达

$$T = \bar{\theta}\left(\frac{p}{1000}\right)^k \tag{7.80}$$

如果在初始分布(混合前)存在一大气层(p, $T < \bar{T}$),这里 $r = \bar{r}$,这个层定义为混合凝结层。

7.3.3 云中冻结

当空气上升冷却时,云开始形成,通常情况下,发展中的云会达到结冰高度。从这个高度起,云滴(或雨滴)将发生冻结,水汽和冰将共存,这种冻结会影响云的进一步发展吗?可以通过如下几个简单的假设回答这个问题:

(1)最初在温度 T,对于水空气是饱和的。

(2)当水冻结时,潜热释放到环境中。

(3)一旦水冻结,水汽相对于冰是过饱和的,开始凝华然后释放更多的潜热,这个过程将持续至水汽压等于冰面上的饱和水汽压。

(4)整个过程发生在等气压层并且是绝热的。由于它是绝热等压的,所以它也是等熵的。

因此,可以将这个过程分为三个可操作的步骤。

第一步:水在恒定的温度 T 下结冰,在这种情况下相态等压发生变化,则熵的变化为(第 6 章)

$$\Delta H_1 = -Q_{p=常数} = -L_f = -l_f m_w$$

式中 m_w 是水冻结的量,因为热量释放,所以是负号,将上式除以干空气的质量可得

$$\frac{\Delta H_1}{m_d} = -l_f w_w(T) \tag{7.81}$$

第二步:水汽在恒定的温度 T,水汽在冰面上凝结,直到 $T' > T$,水汽压成为冰面上的饱和水汽压,类似第一步,在这一步中的熵的变化为

$$\Delta H_2 = -l_s(m_w - m_i)$$

或

$$\frac{\Delta H_2}{m_d} = -l_s\left[w_w(T) - w_i(T')\right] \tag{7.82}$$

第三步:整个系统由 T 增温至 T',在此期间,熵的变化将为(回顾式(4.18))

$$\Delta H_3 = C_p \Delta T$$

或

$$\frac{\Delta H_3}{m_d} = C_{pd} \Delta T \tag{7.83}$$

这里假设 $C_p/m_d \approx c_{pd}$。既然整个过程是等熵的,可得

$$-l_f w_w(T) - l_s [w_w(T) - w_i(T')] + C_{pd} \Delta T = 0$$

或

$$\Delta T = \frac{l_f w_w(T) + l_s [w_w(T) - w_i(T')]}{c_{pd}}$$

或使用式(7.5)

$$\Delta T = \frac{\varepsilon l_f e_{sw}(T) + \varepsilon l_s [e_{sw}(T) - e_{si}(T')]}{p c_{pd}}$$

上式中,在大气中典型条件的范围内,右边是正的。因此,冻结的作用是增加正在形成的云团内部的温度。通常,这个温度的增加是 3 K 的量级,在云的发展过程中是一个显著的变暖。

例题

(7.1)空气块的初始状态是 $p = 1000$ hPa, $T = 30$ ℃, $w = 14$ g·kg^{-1}。求(a) r,(b) T_{virt},(c) T_{dew},(d) T_w,(e) T_{ei},(f) T_{LCL},(g) z_{LCL},(h) θ_{ep},(i) T_{ep},(j) θ_{wp},(k) θ_{virt}。

(a)由式(6.17)估计出 $e_{sw}(T) = 43.1$ hPa。由式(7.3)可以求出 $e(T) \approx 22.0$ hPa,因此,$r \approx 0.51, w_{sw} \approx 28$ g·kg^{-1}。

(b) $T_{virt} = (1 + 0.61q)T = \left[1 + 0.61\left(\dfrac{w}{1+w}\right)\right] T = 305.55$ K

(c)由式(7.16)可得 $T_{dew} = 291.75$ K

(d)由式(7.22)得

$$T_w = T + \frac{l_v}{c_{pd}}(w - w_{sw})$$

式中 $l_v(T = 303 \text{ K}) = 2.43 \times 10^6$ J·kg^{-1},上式中 w_{sw} 是 T_w 时的饱和混合比,利用式(7.5)和式(6.17)中的近似,可得

$$T_w = T + \frac{l_v \varepsilon}{c_{pd} p}\left[e(T) - 6.11\exp\left(19.83 - \frac{5417}{T_w}\right)\right]$$

上式的数值解是 $T_w \approx 295.4$ K。

(e)由式(7.23),对于 $c_w = 4218$ J·kg^{-1},可得 $T_{ei} \approx 335$ K。

(f)由式(7.36),可得 $T_{LCL} \approx 289$ K。

(g)由式(7.45),假设初始层 $z = 0$,可得 $z_{LCL} = 1.4$ km。

(h)利用式(7.63),设 $T = 303$ K, $p = 1000$ hPa, $w = 0.014$ g·kg^{-1}, $T_{LCL} = 289$ K,可得 $\theta_{ep} \approx 345$ K。

(i)由式(7.64),因为 $T = \theta$,可得 $T_{ep} = \theta_{ep} = 345$ K。

(j)考虑到 $w' = w_s(1000 \text{ hPa}, T = \theta_{wp}) = (\varepsilon/p)6.11\exp[19.83 - (5417/\theta_{wp})]$,式(7.65)的数值解为 $\theta_{wp} \approx 295$ K。

（k）由式（7.28），因为 $p=1000$ hPa，可得 $\theta_{virt}=T_{virt}=305.55$ K，注意到所有估计的温度和位温都与式（7.66）一致。

（7.2）在 1000 hPa，饱和空气开始辐射降温时的温度是 10 ℃，通过辐射降温，使得一部分水汽凝结，形成辐射雾。在雾形成的过程中，12×10^3 J·kg^{-1} 的热量流失到环境中，求最终温度和水汽压的下降。

过程是非绝热的，因此是不等熵的。由式（7.20）有

$$\mathrm{d}h=c_p\mathrm{d}T+l_v\mathrm{d}w$$

式中 $c_p=c_{pd}+w_t c_w$，并假设 $\mathrm{d}H/m_d\approx\mathrm{d}h$。在这个过程中空气维持饱和状态，因此 w 是饱和时的值。同时，过程是等压的，所以 $\mathrm{d}h=\delta q$，可以将上式写为

$$\delta q=c_p\mathrm{d}T+l_v\mathrm{d}w_{sw} \tag{7.84}$$

利用近似关系 $w_{sw}\approx\varepsilon e_{sw}/p$，可以发现 $\mathrm{d}w_{sw}\approx(\varepsilon/p)\mathrm{d}e_{sw}$，或利用 C-C 方程

$$\mathrm{d}w_{sw}=\frac{\varepsilon}{p}\frac{l_v e_{sw}}{R_v T^2}\mathrm{d}T \tag{7.85}$$

通过将（7.82）替换至（7.81）可得

$$\delta q=\left(c_p+\frac{\varepsilon l_v^2 e_{sw}}{pR_v T^2}\right)\mathrm{d}T$$

在上式中，c_p 近似与温度无关。因此，对于小的温度变化，l_v 也近似与温度无关，然而由式（6.17）知饱和水汽压与温度有关。这使得上式的积分非常困难，克服这个困难的方法之一是对于小的温度变化假设 e_{sw}/T^2 近似为常数，然后将微分量处理为差值。在此个例中，$T=10$ ℃，$e_{sw}=12.16$ hPa，$l_v(10\text{ ℃})=2.4774\times10^6$ J·kg^{-1}，$\delta q=-12\times10^3$ J·kg^{-1} 和 $c_p\approx c_{pd}=1005$ J·kg^{-1}·K^{-1}，可得 $\Delta T=-5.3$ ℃，因此最终的温度为 4.7 ℃。需要注意的是，如果不假设 $c_p\approx c_{pd}$，这个结果能改进一些，然而这需要 w_t 的值，但它是未知的。当然可以假设 $w_t\approx w_{sw}(10\text{ ℃})$，并考虑 $c_p\approx c_{pd}+w_{sw}c_w$，在这种情况下，发现结论的差异很小（约为 0.066 ℃）。为了求出水汽压的下降，结合式（7.81）和 $\mathrm{d}w_{sw}\approx(\varepsilon/p)\mathrm{d}e_{sw}$，可得

$$\delta q=c_p\mathrm{d}T+\frac{l_v\varepsilon}{p}\mathrm{d}e_{sw}$$

结合 C-C 方程，可得

$$\delta q=\left(\frac{c_p R_v T^2}{l_v e_{sw}}+\frac{l_v\varepsilon}{p}\right)\mathrm{d}e_{sw}$$

这里再次将微分处理成偏差，利用上面提到的值求出 $\Delta e_{sw}=-4.326$ hPa。

（7.3）在 1000 hPa，两个相同的空气块绝热混合，它们的初始温度和混合比分别是 $T_1=293.8$ K，$w_1=16.3$ g·kg^{-1} 和 $T_2=266.4$ K，$w_2=1.3$ g·kg^{-1}。首先证明混合物是过饱和的，然后求混合后的气温、混合比，单位质量空气的液态水含量，以及单位体积空气的液态水含量。

因为两个空气团绝热混合，由式（7.75）得混合物的初始温度将是 $T=280.2$ K。

因为 $q_1 = 16.0386 \ \mathrm{g \cdot kg^{-1}}$ 和 $q_2 = 1.2983 \ \mathrm{g \cdot kg^{-1}}$，对于混合物，由式(7.74)可得 $q = 8.6685 \ \mathrm{g \cdot kg^{-1}}$，$w = q/(1-q) = 8.7443 \ \mathrm{g \cdot kg^{-1}}$ 和 $e = wp/(\varepsilon + w) = 13.86 \ \mathrm{hPa}$，利用近似的方程(7.76)和(7.78)，可得 $T = 280.7 \ \mathrm{K}$ 和 $e = 14.1 \ \mathrm{hPa}$。

对式(6.17)设 $T = 280.2 \ K$，得 $e_{sw} = 10.05 \ \mathrm{hPa}$。这个结果显示一开始，混合物是过饱和的($e > e_{sw}$)，因此，混合后额外的水汽马上凝结使混合物达到平衡态(T'，e')。如图7.9显示，这一步会引起水汽压的下降和气温的上升(记住混合是绝热的，所以凝结得到的热量保留在混合物中)。气温的上升由连接点 (T, e) 和 (T', e) 的直线表示，水汽压的下降由连接点 (T', e') 和 (T', e) 的线表示。因为由 (T, e) 到 (T', e') 的过程是等压和绝热的，所以是等焓的。因此，式(7.21)适用于

$$(c_{pd} + w_t c_w)(T - T') = (w' - w) l_v$$

或

$$(c_{pd} + w_t c_w)(T - T') = (e' - e) l_v \frac{\varepsilon}{p}$$

或

$$(c_{pd} + w_t c_w)(T - T') = \left[6.11 \exp\left(19.83 - \frac{5417}{T'}\right) - e \right] l_v \frac{\varepsilon}{p}$$

假设混合物是封闭系统，$w_t = w = 8.7443 \ \mathrm{g \cdot kg^{-1}}$。如 $c_w = 4218 \ \mathrm{J \cdot kg^{-1} \cdot K^{-1}}$，$l_v = 2.4774 \times 10^6 \ \mathrm{J \cdot kg^{-1}}$，上式的数值解 $T' \approx 282.8 \ \mathrm{K}$，这与 $e' = e_{sw}(T') = 12 \ \mathrm{hPa}$ 是一致的，因此 $w' = 7.55 \ \mathrm{g \cdot kg^{-1}}$。

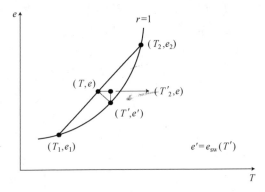

图7.9　例题7.3的配图。当两个初始饱和空气块等压混合，最终的产物是过饱和的(T, e)。
为使混合物达到平衡态(T', e')，额外的水汽将凝结，凝结的水汽的量与 $e - e'$ 成比例

单位质量空气生成的液态水的量由偏差 $q - q' \approx w - w' \approx \frac{\varepsilon}{p}(e - e') \approx 1.16 \ \mathrm{g \cdot kg^{-1}}$ 可得。这个量一定等于单位质量水汽的下降 $-\mathrm{d}m_v$，与水汽压的下降 $-\mathrm{d}e_{sw}$ 成比例。由理想气体定律可以知道在温度 T，单位体积的水汽的量是 $e_{sw}/R_v T$，它随温度的变化是

$$\mathrm{d}e_{sw}/\mathrm{d}T = \mathrm{d}e_{sw}/R_v T - (e_{sw}/R_v T^2)\mathrm{d}T$$

利用 C-C 方程,能够证明上式右边的第二项远小于第一项,因此,损失的水汽量近似等于 $\mathrm{d}e_{sw}/R_v T$,那么单位体积的液态水的量等于 $\mathrm{d}e_{sw}/R_v T$,或等于

$$\frac{e - e'}{R_v T} \approx 1.44 (\mathrm{g \cdot m^{-3}})$$

(7.4)接下来的问题(Salby,1996)是个经典的例子,描述的是称为钦诺克风的下坡风效应(钦诺克在美国印第安语中含义是"吃雪者")。来自太平洋的湿空气在大陆山脊上强迫上升,在其西侧,地面在 800 hPa,温度为 293 K,混合比为 15 g·kg^{-1},如果山峰位于 600 hPa,假设所有的凝结物掉落,求背风面 830 hPa 高度的温度和相对湿度。

对于 $T = 293$ K,式(6.17)给出 $e_{sw} = 23.4$ hPa。由式(7.4)可以得出在状态(T,p,w):(293 K,800 hPa,15 g·kg^{-1})的饱和混合比是 18.74 g·kg^{-1}。因为 $w < w_s$,气块初始是不饱和的,随着空气沿着山上升冷却,相对湿度增加,由式(7.36)可得,对于 $r = 15/18.74 = 0.8$,$T_{LCL} = 288.7$ K。

空气上升到第一次达到饱和的高度可以由泊松方程给出

$$p_{LCL} = p \left(\frac{T_{LCL}}{T} \right)^{1/k}$$

式中 $k = k_d (1 - 0.26w) = 0.2849$。因此 $p_{LCL} \approx 760$ hPa。在该点上,空气是饱和的,随着继续上升发生凝结,所有的凝结物掉落,因此 p_{LCL} 之上的上升是假绝热过程,那么从 760 hPa 到 600 hPa 的 θ_{ep} 是守恒的。由式(7.63)可以发现,对于 $T = T_{LCL} = 288.7$ K,$p = p_{LCL} = 760$ hPa,$w = w_{sw}(T_{LCL}) = 15$ g·kg^{-1},可得 $\theta_{ep} \approx 359$ K。在 $p' = 600$ hPa 求同样的方程可得

$$359 = T' \left(\frac{1000}{p'} \right)^{0.285(1 - 0.28w')} \exp \left[w'(1 + 0.81w') \left(\frac{3376}{T_{LCL}} - 2.54 \right) \right] \tag{7.86}$$

式中 T',p' 和 w' 是峰顶空气状态。在式(7.86)中,已知 p' 但是 T' 和 w' 是未知的,然而 w' 可以通过结合式(7.5)和(6.17)表示为仅是 T' 的函数:

$$w' = w_{sw}(T') \approx \frac{\varepsilon e_{sw}(T')}{p'} = \frac{6.11\varepsilon}{p'} \exp \left(19.83 - \frac{5417}{T'} \right)$$

因此事实上,式(7.83)只有一个未知量 T',求解该方程可得 $T' \approx 279$ K,因此在峰顶 $w' \approx 9.6$ g·kg^{-1},空气由峰顶绝热下降的同时,混合比保持为常数(9.6 g·kg^{-1})。由泊松方程可知在 830 hPa,$T \approx 306$ K,在这个温度,$w_{sw} \approx 38.5$ g·kg^{-1},在 $p = 830$ hPa,相对湿度为 $r = 0.25$,因此背风坡的空气比西边更暖更干。注意到,假设了从 760 hPa 到 600 hPa 气块相对于液态水一直是饱和,这是个比较保险的假设,因为 $T_{LCL} = 288.7$ K,且在一个标准大气压下 760 hPa 到 600 hPa 之间的垂直距离约为 1.5 km。所以,可以预计在峰顶温度将高于 0 ℃。

(7.5)当饱和空气上升时最大降雨率是多少?

考虑一个饱和气块上升,为简化起见,假设气块是单位质量,随着气块上升水汽凝结,如果假设所有的凝结物(雨或雪)掉落,能够估计降雨率的上限。为此,采取描述可逆饱和绝热过程的式(7.54),假设 $l_v =$ 常数和 $c_{pd} + w_t c_w \approx c_{pd}$,将其简化为

$$c_{pd}\mathrm{dln}T - R_d\mathrm{dln}p_d + l_v\mathrm{d}\left(\frac{w_{sw}}{T}\right) = 0$$

或

$$c_{pd}\mathrm{dln}T - R_d\mathrm{dln}p_d + l_v\mathrm{d}\left(\frac{\mathrm{d}w_{sw}}{T}\right) - \frac{l_v w_{sw}}{T^2}\mathrm{d}T = 0$$

将所有项乘以 T

$$c_{pd}\mathrm{d}T - TR_d\mathrm{dln}p_d + l_v\mathrm{d}w_{sw} - \frac{l_v w_{sw}}{T}\mathrm{d}T = 0$$

或

$$\left(c_{pd} - \frac{l_v w_{sw}}{T}\right)\mathrm{d}T - \frac{p_d}{\rho}\mathrm{dln}p_d + l_v\mathrm{d}w_{sw} = 0$$

或利用静力假设

$$\left(c_{pd} - \frac{l_v w_{sw}}{T}\right)\mathrm{d}T + g\,\mathrm{d}z + l_v\mathrm{d}w_{sw} = 0$$

对于大气中典型的条件,$l_v w_{sw}/T$ 相对于 c_{pd} 非常小,因此可以忽略该项得到

$$c_{pd}\mathrm{d}T + g\,\mathrm{d}z + l_v\mathrm{d}w_{sw} = 0$$

或

$$-\frac{l_v\mathrm{d}w_{sw}}{\mathrm{d}z} = c_{pd}\frac{\mathrm{d}T}{\mathrm{d}z} + g$$

或

$$-\frac{l_v}{c_{pd}}\frac{\mathrm{d}w_{sw}}{\mathrm{d}z} = \frac{\mathrm{d}T}{\mathrm{d}z} + \frac{g}{c_{pd}}$$

现在,回顾 $\Gamma_d = \dfrac{g}{c_{pd}}$ 和 $-\dfrac{\mathrm{d}T}{\mathrm{d}z} = \Gamma_s$,上式变换为

$$-\frac{l_v}{c_{pd}}\frac{\mathrm{d}w_{sw}}{\mathrm{d}z} = \Gamma_d - \Gamma_s$$

或

$$-\frac{\mathrm{d}w_{sw}}{\mathrm{d}z} = \frac{c_{pd}(\Gamma_d - \Gamma_s)}{l_v}$$

或

$$-\frac{\mathrm{d}w_{sw}}{\mathrm{d}t}\frac{\mathrm{d}t}{\mathrm{d}z} = \frac{c_{pd}(\Gamma_d - \Gamma_s)}{l_v}$$

式中 $\dfrac{\mathrm{d}z}{\mathrm{d}t}$ 是气块的上升率或速度 U,因此

$$-\frac{\mathrm{d}w_{\mathrm{sw}}}{\mathrm{d}t} = \frac{c_{pd}(\Gamma_{\mathrm{d}} - \Gamma_{\mathrm{s}})}{l_{\mathrm{v}}}U$$

上式给出了单位质量空气和单位时间凝结水的质量,如果乘以空气的质量 m,可以得到单位时间凝结的水和降雨的质量的表达式

$$P = \frac{c_{pd}(\Gamma_{\mathrm{d}} - \Gamma_{\mathrm{s}})}{l_{\mathrm{v}}}Um$$

或

$$P = \frac{c_{pd}(\Gamma_{\mathrm{d}} - \Gamma_{\mathrm{s}})}{l_{\mathrm{v}}}U\rho V$$

或

$$P = \frac{c_{pd}(\Gamma_{\mathrm{d}} - \Gamma_{\mathrm{s}})}{l_{\mathrm{v}}}U\rho A\Delta z$$

式中 A 是面积, Δz 是上升体积的厚度,因此对于单位面积和单位时间来说

$$P = \frac{c_{pd}(\Gamma_{\mathrm{d}} - \Gamma_{\mathrm{s}})}{l_{\mathrm{v}}}U\rho\Delta z$$

在上式中, P 的单位(MKS 单位)是 $\mathrm{kg} \cdot \mathrm{m}^{-2} \cdot \mathrm{s}^{-1}$。实际上,单位面积上凝结的水和降雨的量可以由单位为毫米的累计的水的厚度来表示。考虑到水的密度约为 $10^3 \mathrm{~kg} \cdot \mathrm{m}^{-3}$,那么 $1 \mathrm{~kg} \cdot \mathrm{m}^{-2}$ 相当于 $1 \mathrm{~mm}$ 的降雨。此外,如果考虑 $1 \mathrm{~h} = 3600 \mathrm{~s}$,那么可以将上式表示为 $\mathrm{mm} \cdot \mathrm{h}^{-1}$,这是现实中使用的降雨率的单位

$$P = 3600 \frac{c_{pd}(\Gamma_{\mathrm{d}} - \Gamma_{\mathrm{s}})}{l_{\mathrm{v}}}U\rho\Delta z$$

习题

(7.1)证明当两个气团绝热等压混合且没有出现凝结,最终的位温和水汽压是初始值的权重平均(做合理的假设)。

(7.2)证明

$$\frac{p_{\mathrm{LCL}}}{e_{\mathrm{sw}}(T_{\mathrm{LCL}})} = \frac{p}{e_{\mathrm{sw}}(T_{\mathrm{dew}})}$$

然后利用式(6.17)推导出 T_{LCL}、T_{dew}、p 和 p_{LCL} 的关系。

(7.3)一个空气团在 $970 \mathrm{~hPa}$ 的温度是 $20 ~^{\circ}\mathrm{C}$,混合比是 $5 \mathrm{~g} \cdot \mathrm{kg}^{-1}$,过了一段时间空气团的气温为 $10 ~^{\circ}\mathrm{C}$,压力为 $750 \mathrm{~hPa}$。假设在空气团和环境之间没有凝结或混合发生,求水汽压、相对湿度和露点温度的最初和最终值。($7.74 \mathrm{~hPa}$,$5.98 \mathrm{~hPa}$,0.33,0.49,$276.5 \mathrm{~K}$,$272.8 \mathrm{~K}$)

(7.4)证明 $\mathrm{d}m$ 克的水蒸发成 m_{d} 克的干空气(在等温条件下)需要吸收如下的热量:

$$\delta Q = m_d l_v \mathrm{d}w$$

(7.5)800 hPa 的一次钦诺克风其温度是 38 ℃和混合比 4 g・kg^{-1},这与 1000 hPa 的山体迎风坡的温度为 294.5 K 和混合比为 10 g・kg^{-1} 的空气是否相同? 或与 800 hPa 具有 278 K 和 5 g・kg^{-1} 的空气是否相同?(与 1000 hPa 的空气相同)

(7.6)如果位于等压层 p_1 和 p_2 之间的等温层 T_0 垂直混合,最终温度分布由下式给出

$$T(p) = [(T_0/(1-k))](p_1^{1-k} - p_2^{1-k}) p^k/(p_1 - p_2)$$

(7.7)在 $T = 40$ ℃,非常干的空气能蒸发冷却的最低的可能温度是多少?考虑 $p = 1000$ hPa,l_v 为常数且等于 2.4×10^6 J・kg^{-1}。(约为 288 K)

(7.8)当外面比较寒冷时,我们的呼吸会生成混合云。如果我们的呼吸温度低于空气温度时还有可能出现混合云吗?假设呼吸的温度是 30 ℃。(提示:利用式(6.17)画出 e_{sw} 作为 T 函数的图,对这条曲线在高温情况下做假设,然后用 7.3.1 部分中讨论的理论)

(7.9)在密尔沃基夏天的一天,最高气温预计可达 35 ℃,露点温度约为 28 ℃,空气能蒸发冷却的最低温度是多少?答案合理吗?详细分析该答案与习题 7.7 答案的区别,考虑 l_v 为常数且等于 2.4×10^6 J・kg^{-1}。(约为 303 K)

(7.10)湿空气经过温度为 20 ℃,相对湿度为 70% 的陆地。通过接触地面,空气冷却,成雾的温度是多少?考虑 l_v 为常数且等于 2.45×10^6 J・kg^{-1}。(287.5 K)

(7.11)飞机客舱的气压维持在 900 hPa,温度为 25 ℃,如果突然绝热释放压力至 500 hPa,客舱中的相对湿度是多少才能避免生成云?(6.29%)

(7.12)外界的气温是 -15 ℃,相对湿度是 0.6。如果室内的温度是 25 ℃,相对湿度是多少?(假设室内的空气只是加热,并没有增湿)如果房间的体积有 100 m^3,必须增加多少水汽使得相对湿度上升至 50%,那么总混合比是多少?如果由于水蒸发引起的温度变化可以忽略不计,必须增加多少热量使得这种情形发生?假设 l_v 为常数,且等于 2.5×10^6 J・kg^{-1}(3.6%,1.08 kg,8.97 g・kg^{-1},2.7×10^6 J)

(7.13)下面哪些量是守恒的?(a)可逆绝热不饱和变换,(b)可逆绝热饱和变换,(c)绝热不饱和等压变换,(d)绝热饱和等压变换?

$$w, q, w_t, q_t, e, e_{sw}, w_{sw}, r, p_{LCL}, T_{LCL}, T_w, \theta, \theta_{virt}, \theta_e, \theta_w, s, h$$

(7.14)容积为 2 m^3 的冰箱最初填充了温度为 303 K,相对湿度为 50% 的空气。温度是多少时在壁上会冷凝?假设理想的最终温度是 275 K,多少水汽必须凝结以达到最终的温度?在整个过程中多少热量会散发到环境中?假设 $l_v = 2.5 \times 10^6$ J・kg^{-1},$c_w = 4218$ J・kg^{-1}・K^{-1},$\rho_d = 1.293$ kg・m^{-3}。(约 19 ℃,19.8 g,117368 J)

(7.15)如果室内的温度是 25 ℃,室外的温度是 -10 ℃,求室内窗户不出现雾的最大的相对湿度,当(a)窗户的内部部分与外部部分没有隔热(如:热量可以自由传输),(b)隔热。假设 $l_v = 2.5 \times 10^6$ J・kg^{-1},$c_w = 4218$ J・kg^{-1}・K^{-1}。(0.32,1.0)

(7.16)如果在 1000 hPa,气块的湿球温度是 15.6 ℃,混合比为 6 g·kg^{-1},求气块干绝热抬升到 900 hPa 的相对湿度。假设 $l_v = 2.47 \times 10^6$ J·kg^{-1}。(36.14%)

(7.17)10 ℃的雨滴蒸发到 20 ℃的空气中,如果空气在 10 ℃的饱和混合比为 8 g·kg^{-1},环境空气的混合比是多少? 做出假设,并考虑 $l_v = 2.47 \times 10^6$ J·kg^{-1}。(3.93 g·kg^{-1})

(7.18)如果水汽占据空气体积的 1%(如占分子数的 1%),虚温的偏差是多少? ($T_{virt} = 1.0038\,T$)

(7.19)如果在由地面延伸到对流层的空气柱中的水汽凝结掉落到地面,它将会占据气柱最底层 d_w 的高度,在这种情况下,可以给出

$$\rho_w d_w = \int_0^\infty \rho_v \mathrm{d}z$$

式中 ρ_w 和 ρ_v 分别是液态水和水汽的密度。证明 d_w 的上限为下式

$$d_w \approx \frac{T_0 e_{s0}}{\rho_w l_v \Gamma}$$

式中 Γ 是递减率,假设为常数,T_0 是地面温度,e_{s0} 是温度为 T_0 时相对于水的饱和水汽压。通过假设 T_0 和 Γ 的真实值估计 d_w。 怎样认为估计的 d_w? 真实吗?[d_w 通常被称为可降水。]

(7.20)证明气块的混合比由下式精确给出

$$w = \frac{r w_s}{1 + (1-r)\dfrac{w_s}{\varepsilon}}$$

(7.21)在 *Meteorology* 这本书中,亚里士多德说:"霜和露都出现在天空晴朗无风的日子",怎样看待呢? 这种说法是对还是错,并解释原因。

第8章 大气的垂直稳定度

在大尺度上,大气几乎是静力平衡的,这意味着气压梯度力与重力平衡。由于垂直方向上的合力为零,这些尺度上的大气表现出缓慢的匀速垂直运动,即空气没有向上的加速度。然而,在较小的尺度上,流体静力平衡可能会失效。在这种情况下,加速运动导致对流。这些对流会影响许多大气现象,包括行星边界层的结构到飓风的动力学。在本章中,将研究产生这种加速运动的条件。尤其是,将分析一个最初与环境处于平衡的气块受到一个小扰动时的运动变化。下面将做如下假设:(1)环境处于静力平衡状态;(2)气块不与周围环境混合;(3)气块移动不影响环境;(4)过程是绝热的;(5)在给定高度上,环境压力和气块的压力相等。在习题8.1中,需要详细阐明上述假设。

8.1 气块的运动方程

由于环境处于静力平衡状态,适用如下方程:

$$\frac{\mathrm{d}p}{\mathrm{d}z} = -\rho g$$

对于气块,上面的等式是不适用的,因为当气块被向上或向下移动时,它有一定的加速度($\mathrm{d}^2 z / \mathrm{d}t^2$)。假设重力和气压梯度力作用在气块上,利用牛顿第二定律得单位体积(撇号代表气块)

$$\rho' \frac{\mathrm{d}^2 z}{\mathrm{d}t^2} = -\rho' g - \frac{\mathrm{d}p'}{\mathrm{d}z}$$

或

$$\ddot{z} = -g - a' \frac{\mathrm{d}p'}{\mathrm{d}z}$$

因为上述第(5)项假设,$\mathrm{d}p'/\mathrm{d}z = \mathrm{d}p/\mathrm{d}z$,因此,上述方程可以写为

$$\ddot{z} = -g - a'\left(-\frac{g}{a}\right)$$

或

$$\ddot{z} = g\left(\frac{a' - a}{a}\right)$$

或

$$\ddot{z} = g\left(\frac{\rho - \rho'}{\rho'}\right) \tag{8.1}$$

右边给出了重力和气压梯度力共同作用于单位质量气块上的力,称为气块的浮力。利用虚温的定义和假设(5),可以将环境和气块的理想气体定律写成:

$$p = \rho R_{\rm d} T_{\rm virt}$$

和

$$p = \rho' R_{\rm d} T'_{\rm virt} \tag{8.2}$$

采用这些表达式而不是 $p = \rho R T$ 和 $p = \rho' R' T'$ 的原因是,处理的是 $T_{\rm virt}$ 和 $T'_{\rm virt}$ 而不是 R、R'、T 和 T',这使得分析更加简单。

结合式(8.1)和(8.2)可得

$$\ddot{z} = g \left(\frac{T'_{\rm virt} - T_{\rm virt}}{T_{\rm virt}} \right) \tag{8.3}$$

这里需要研究的是对偏离初始平衡态的小扰动($z \ll 1$)的影响。为了简化,如果采取 $z = 0$ 这个高度,温度是 $T_{\rm virt,0}$,利用泰勒展开 $T_{\rm virt}$ 和 $T'_{\rm virt}$ 可得

$$T_{\rm virt} = T_{\rm virt,0} + \frac{{\rm d}T_{\rm virt}}{{\rm d}z} z + \frac{1}{2} \frac{{\rm d}^2 T_{\rm virt}}{{\rm d}z^2} z^2 + \cdots$$

和

$$T'_{\rm virt} = T_{\rm virt,0} + \frac{{\rm d}T'_{\rm virt}}{{\rm d}z} z + \frac{1}{2} \frac{{\rm d}^2 T'_{\rm virt}}{{\rm d}z^2} z^2 + \cdots$$

如果忽略高于一阶的项,将环境虚温递减率定义为 $-{\rm d}T_{\rm virt}/{\rm d}z = \Gamma_{\rm virt}$ 和气块的虚温递减率为 $-{\rm d}T'_{\rm virt}/{\rm d}z = \Gamma'_{\rm virt}$ 可得

$$\ddot{z} = \frac{g(\Gamma_{\rm virt} - \Gamma'_{\rm virt})z}{T_{\rm virt,0} - \Gamma_{\rm virt} z} \tag{8.4}$$

因为 $\dfrac{\Gamma_{\rm virt} z}{T_{\rm virt,0}} \ll 1$,式(8.4)可以通过变换 $1/(T_{\rm virt,0} - \Gamma_{\rm virt} z)$ 项,得到

$$\frac{1}{T_{\rm virt,0} - \Gamma_{\rm virt} z} = \frac{1}{T_{\rm virt,0}} \frac{1}{1 - \dfrac{\Gamma_{\rm virt} z}{T_{\rm virt,0}}}$$

$$\approx \frac{1}{T_{\rm virt,0}} \left(1 + \frac{\Gamma_{\rm virt} z}{T_{\rm virt,0}} \right),$$

因此,式(8.4)变换为

$$\ddot{z} = \frac{g}{T_{\rm virt,0}} \left(1 + \frac{\Gamma_{\rm virt} z}{T_{\rm virt,0}} \right) (\Gamma_{\rm virt} - \Gamma'_{\rm virt})z$$

或移除包含 z^2 的项,变换为

$$\ddot{z} = \frac{g}{T_{\rm virt,0}} (\Gamma_{\rm virt} - \Gamma'_{\rm virt})z$$

或

$$\ddot{z} + \frac{g}{T_{\rm virt,0}} (\Gamma'_{\rm virt} - \Gamma_{\rm virt})z = 0 \tag{8.5}$$

8.2 稳定度分析和条件

微分方程(8.5)的解依赖于常数,可能存在以下三种可能性。

(1) $\Gamma'_{\text{virt}} - \Gamma_{\text{virt}} > 0$

在这种情况下,式(8.5)采取 $\ddot{z} + \lambda^2 z = 0$ 的形式,其解为

$$z(t) = A\sin\lambda t + B\cos\lambda t$$

振荡分量的特征是

$$\lambda = \sqrt{\frac{g}{T_{\text{virt},0}}(\Gamma'_{\text{virt}} - \Gamma_{\text{virt}})} > 0$$

这就是所谓的布维(Brunt-Väisälä)频率。假设最初的高度是 $z = 0$,因此,在这种情况下,$B = 0$,故 $z(t) = A\sin\lambda t$。这表明气块将围绕其原始位置进行周期为 $\tau = 2\pi/\lambda$ 的振荡。这代表一个稳定的情况,因为气块没有离开初始的位置。

(2) $\Gamma'_{\text{virt}} - \Gamma_{\text{virt}} < 0$

在这种情况下式(8.5)采取 $\ddot{z} - \lambda^2 z = 0$ 的形式,其解为

$$z(t) = Ae^{\lambda t} + Be^{-\lambda t}$$

式中,

$$\lambda = \sqrt{\frac{g}{T_{\text{virt},0}}(\Gamma_{\text{virt}} - \Gamma'_{\text{virt}})} > 0$$

因为 $t = 0$,$z(0) = 0$,可得 $A + B = 0$,这说明 $A = -B \neq 0$(由 $A = B = 0$ 的可能性推导出简化解 $z(t) = 0$ 忽略不计)。因为 $A \neq 0$,可得 $t \to \infty$,气块的位移呈指数增长。注意到,因为 $t \to \infty$,$dz/dt = A\lambda e^{\lambda t}$,气块的运动是加速运动。这代表一种不稳定状态,气块离开初始的位置且再不返回。

(3) $\Gamma'_{\text{virt}} - \Gamma_{\text{virt}} = 0$

在这种情况下式(8.5)成为 $\ddot{z} = 0$,具有线性解

$$z(t) = At + B$$

表明位移随时间线性变化。气块的运动将是匀速($dz/dt = A$)。这是一个中性个例,气块离开原始位置不再返回,因而,对于中性和不稳定情况的唯一差别是运动是否加速。

上述物理意义是,只要气块的虚温递减率大于环境的虚温递减率,气块被迫向上(向下),变得比环境更冷(更暖),然后它将下沉(上升)回原来的位置。如果气块的虚温递减率小于环境的虚温递减率,气块被迫向上(向下),它将比环境更暖(更冷),继续上升(下沉),从而远离原来的位置。两个递减率之间的差异是作用在气块上的净力。如果合力为零,运动就是匀速运动。否则如果 $\Gamma'_{\text{virt}} - \Gamma_{\text{virt}} < 0$,则合力作用于最初扰动的方向,如果 $\Gamma'_{\text{virt}} - \Gamma_{\text{virt}} > 0$ 则为相反的方向。

下面详细研究,当一个气块被扰动时会发生什么,以虚温递减率 Γ_{virt} 为特征。由式 (7.9) 可得,对于不饱和气块 $T'_{virt} = (1 + 0.61w')T'$,其中 w' 是初始水汽混合比,因为假设(2),w' 维持常数,因此

$$\frac{\mathrm{d}T'_{virt}}{\mathrm{d}z} = (1 + 0.61w')\frac{\mathrm{d}T'}{\mathrm{d}z}$$

或

$$\Gamma'_{virt} = (1 + 0.61w')\Gamma'_m$$

或利用式(7.29)

$$\Gamma'_{virt} = (1 + 0.61w')(1 - 0.87w')\Gamma_d$$

或

$$\Gamma'_{virt} \approx (1 - 0.26w')\Gamma_d$$

在上述关系式中 $0.26w'$ 很小,可以忽略,因此,对于不饱和气块

$$\Gamma'_{virt} \approx \Gamma_d \tag{8.6}$$

但是对于环境,w 不是常数而是 z 的函数,因此,对于环境则有

$$\frac{\mathrm{d}T_{virt}}{\mathrm{d}z} = (1 + 0.61w)\frac{\mathrm{d}T}{\mathrm{d}z} + 0.61T\frac{\mathrm{d}w}{\mathrm{d}z}$$

或

$$\Gamma_{virt} = (1 + 0.61w)\Gamma - 0.61T\frac{\mathrm{d}w}{\mathrm{d}z} \tag{8.7}$$

式(8.7)的右边第二项不可忽略,因此对于 Γ_{virt} 和 Γ(环境递减率)不能得到类似于式(8.6)的关系。这就是为什么在稳定性分析中使用虚温而不是实际温度的原因。如果 Γ_{virt} 约等于 Γ,那么在稳定性分析中,可以使用 T 而不是 T_{virt},然而实际情况并非如此,所以使用虚温更适合。

对虚温递减率为 Γ_{virt} 的气层中不饱和气块的稳定度判据如下:

如果 $\Gamma_{virt} > \Gamma_d$,层结不稳定;

如果 $\Gamma_{virt} = \Gamma_d$,层结中性; $\qquad$ (8.8)

如果 $\Gamma_{virt} < \Gamma_d$,层结稳定。

对于饱和的气块,水汽混合比随高度下降,可得

$$T'_{virt} = (1 + 0.61w')T'$$

或

$$\frac{\mathrm{d}T'_{virt}}{\mathrm{d}z} = (1 + 0.61w')\frac{\mathrm{d}T'}{\mathrm{d}z} + 0.61T'\frac{\mathrm{d}w'}{\mathrm{d}z}$$

或

$$\Gamma'_{virt} = (1 + 0.61w')\Gamma_s - 0.61T'\frac{\mathrm{d}w'}{\mathrm{d}z}$$

在这种情况下,右边的第二项比第一项小得多。因此,可以将上述方程近似为

$$\Gamma'_{\text{virt}} \approx \Gamma_s$$

由此可见,对虚温递减率为 Γ_{virt} 的气层中饱和气块的稳定度判据为

$\qquad$ 如果 $\Gamma_{\text{virt}} > \Gamma_s$,层结不稳定;

$\qquad$ 如果 $\Gamma_{\text{virt}} = \Gamma_s$,层结中性; $\qquad$ (8.9)

$\qquad$ 如果 $\Gamma_{\text{virt}} < \Gamma_s$,层结稳定。

因为 $\Gamma_d = 9.8\ \text{℃} \cdot \text{km}^{-1}$、$\Gamma_s \approx 5\ \text{℃} \cdot \text{km}^{-1}$,式(8.8)和式(8.9)可以整合如下:

$\qquad$ 如果 $\Gamma_{\text{virt}} > \Gamma_d$,层结绝对不稳定;

$\qquad$ 如果 $\Gamma_s < \Gamma_{\text{virt}} < \Gamma_d$,层结条件不稳定; $\qquad$ (8.10)

$\qquad$ 如果 $\Gamma_{\text{virt}} < \Gamma_s$,层结绝对稳定。

"绝对"表示稳定的标准适用于任何类型的气块(饱和或不饱和)。"条件不稳定"是指该层对于非饱和气块的位移是稳定的,对于饱和气块是不稳定的(图 8.1)。

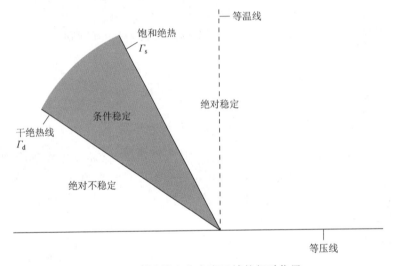

图 8.1 基本线和稳定度区域的相对位置

回顾一下,对于不饱和的环境,适用式(7.28)

$$\theta_{\text{virt}} = T_{\text{virt}} \left(\frac{1000}{p} \right)^{k_d}$$

对上述方程进行对数微分可得

$$\frac{1}{\theta_{\text{virt}}} \frac{\mathrm{d}\theta_{\text{virt}}}{\mathrm{d}z} = \frac{1}{T_{\text{virt}}} \frac{\mathrm{d}T_{\text{virt}}}{\mathrm{d}z} - \frac{k_d}{p} \frac{\mathrm{d}p}{\mathrm{d}z}$$

或

$$\frac{1}{\theta_{\text{virt}}} \frac{\mathrm{d}\theta_{\text{virt}}}{\mathrm{d}z} = -\frac{1}{T_{\text{virt}}} \Gamma_{\text{virt}} - \frac{k_d}{p} \left(-\frac{p}{R_d T_{\text{virt}}} g \right)$$

或

$$\frac{1}{\theta_{\text{virt}}} \frac{d\theta_{\text{virt}}}{dz} = -\frac{\Gamma_{\text{virt}}}{T_{\text{virt}}} + \frac{1}{T_{\text{virt}}} \left(\frac{g}{c_{pd}}\right)$$

或

$$\frac{1}{\theta_{\text{virt}}} \frac{d\theta_{\text{virt}}}{dz} = \frac{1}{T_{\text{virt}}} (\Gamma_d - \Gamma_{\text{virt}}) \qquad (8.11)$$

结合式(8.8)和(8.11)得到对不饱和气块表达稳定度条件的一种替代的方法：

$$如果 \frac{d\theta_{\text{virt}}}{dz} > 0，层结稳定；$$

$$如果 \frac{d\theta_{\text{virt}}}{dz} = 0，层结中性； \qquad (8.12)$$

$$如果 \frac{d\theta_{\text{virt}}}{dz} < 0，层结不稳定。$$

对于饱和气块，如果将 θ_{virt} 替换为 θ_e（或实际上 θ_{ep}）类似的条件同样适用，因为 θ_e 沿湿饱和绝热线（或假绝热线）是不变的。

$$如果 \frac{d\theta_e}{dz} > 0，层结稳定；$$

$$如果 \frac{d\theta_e}{dz} = 0，层结中性； \qquad (8.13)$$

$$如果 \frac{d\theta_e}{dz} < 0，层结不稳定。$$

上述准则适用于判断气块在静止层中被扰动时的稳定度。如果气层并非静止（例如，当整个层被提升或降低），那么气层的稳定性可能会受到影响，原因如下。

下面考虑一个静力平衡的稳定层，它的底部压强为 p_1，顶部压强为 p_2。进一步假设顶部和底部之间的压力差 Δp，在抬升或下沉的过程中保持不变。如果整个过程为非饱和绝热过程，则式(8.11)适用。因为在这个过程中 θ_{virt} 守恒，所以顶部和底部之间 θ_{virt} 的差是守恒的，由此可见

$$\frac{1}{\theta_{\text{virt}}} \frac{d\theta_{\text{virt}}}{dz} = \frac{1}{\theta_{\text{virt}}} \frac{d\theta_{\text{virt}}}{dp} (-\rho g) = \frac{1}{T_{\text{virt}}} (\Gamma_d - \Gamma_{\text{virt}})$$

或

$$\frac{1}{\theta_{\text{virt}}} \frac{d\theta_{\text{virt}}}{dp} = -\frac{R_d}{pg} (\Gamma_d - \Gamma_{\text{virt}}) = 常数$$

或

$$R_d (\Gamma_d - \Gamma_{\text{virt}}) = 常数 \times g \times p$$

在抬升过程中，压力 p 降低，根据上述方程 $\Gamma_{\text{virt}} \rightarrow \Gamma_d$。由于该层最初是稳定的，虚温递减率这一趋势将导致气层递减率达到图 8.1 中的不稳定区域。在下沉过程中，情况正好相反。因此，气层的上升往往会使气层稳定度减弱，而气层的下沉往往会使它趋于稳定。

　　如果提升的过程足够强,导致气层饱和,那么情况就完全不同了。在这种情况下,稳定性的变化取决于达到饱和的方式,从而又进一步取决于湿度的垂直分布和温度的垂直结构等因素。

　　例如,考虑一个在层 1 的初始稳定的不饱和层,其温度廓线是 BT,且 $\mathrm{d}\theta_e/\mathrm{d}p < 0$ (如气层底部的湿度比顶部的湿度更大)。如图 8.2 所示,当整层被提升时,层的底部(B)和顶部(T)将会以干绝热递减率冷却(实线)。然而,底部将会比顶部更快达到饱和。因此,在层 2 时,底部将开始以湿绝热递减率(虚线)冷却,而顶部将继续以干绝热递减率冷却。在层 3 时,不管顶部是否达到饱和,温度廓线相对于层 1 的初始廓线将向左偏转。这种逆时针旋转导致最初的稳定状态变得不那么稳定,参见图8.1。因此,当 $\mathrm{d}\theta_e/\mathrm{d}p < 0$ 时,初始稳定不饱和层是潜在不稳定或对流不稳定。

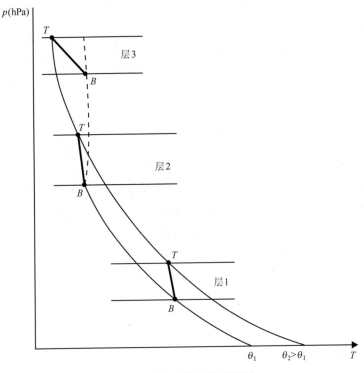

图 8.2　对流不稳定的示意图

　　如果在同一层 $\mathrm{d}\theta_e/\mathrm{d}z > 0$ (即顶部比底部湿度更大),那么顶部先达到饱和,开始以湿绝热递减率冷却,而底部将以干绝热递减率继续冷却。在这种情况下,初始温度廓线 BT 呈顺时针旋转(图 8.3),这意味着初始稳定层将趋于更加稳定。因此,当 $\mathrm{d}\theta_e/\mathrm{d}z > 0$ 时,气层是潜在稳定或对流稳定。如果在同一层 $\mathrm{d}\theta_e/\mathrm{d}z = 0$ (即气层所有高度具有相同的湿度),那么顶部和底部将沿着相同的湿绝热递减率达到饱和。在这种情况下,最初始稳定的气层称为潜在或对流中性。

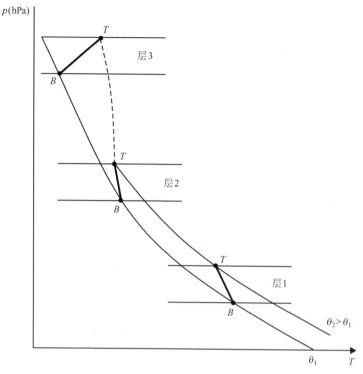

图 8.3　对流稳定的示意图

假如整层变饱和,气层的稳定度判据如下:

如果 $\dfrac{\mathrm{d}\theta_{\mathrm{e}}}{\mathrm{d}z} > 0$,则饱和的气层对于饱和的气块过程是稳定的;

如果 $\dfrac{\mathrm{d}\theta_{\mathrm{e}}}{\mathrm{d}z} = 0$,则饱和的气层对于饱和的气块过程是中性的;　　　　(8.14)

如果 $\dfrac{\mathrm{d}\theta_{\mathrm{e}}}{\mathrm{d}z} < 0$,则饱和的气层对于饱和的气块过程是不稳定的。

其中 $\mathrm{d}\theta_{\mathrm{e}}/\mathrm{d}z$ 是指气层中 θ_{e}(或实际上是 θ_{ep})的初始廓线,初始时是不饱和的。在大气中,潜在不稳定层倾向于形成积云类型云和对流降雨,另外,潜在稳定的气层产生层云和小雨(如果有的话)。

8.3　其他影响稳定度的因子

在最初的假设中,考虑了气块不与环境混合,过程是绝热的,环境不受扰动等(如:当气块或气层上升时,环境中没有补偿的垂直运动)。当这些假设不成立时,它们将会影响气块的温度递减率,以前推导的稳定性准则也不适用。对这些问题的详细论述超出了本书的范围。有兴趣的读者可以参考 Iribarne 和 Godson(1973)的著作。

例题

(8.1)表 8.1 提供了不同气压层的压力、温度和露点温度的观测。(1)研究气块在各层中上升的稳定性条件。(2)如果每一层都被一起抬升,直到饱和,它会变得对流稳定、中性还是不稳定?(假设 l_v 与 T 无关,等于 2.45×10^6 J·kg^{-1})。

首先,需要确定在给定的高度上,气块是否饱和。除 850 hPa 外,所有高度上的温度都大于露点温度,因此,为了保证气块的稳定性,条件(8.12)适用于除 850~800 hPa 外的所有层。

表 8.1　不同气压层的压力、温度和露点温度的观测

P(hPa)	T(℃)	T_{dew}(℃)
1000	30	23
950	27	21
900	23	20
850	20	20
800	18	10
750	15	5
700	10	2
650	5	0

对于 850~800 hPa 层,适用条件(8.13)。对于各层的对流稳定性,条件(8.14)适用。因此,为了回答这个问题,需要计算各个层次上的 θ_{virt} 和 θ_{ep}。为了估计 θ_{virt} 和 θ_{ep}(回顾方程(7.28)和(7.63)),需要求出各高度层上的 w 和 T_{LCL},混合比可以通过整合式(7.3)、(7.7)、(7.16)和(6.17)来估计。T_{LCL} 可以由式(7.36)来估计,通过多步计算,得出表 8.2,其中 e_s 的单位是 hPa。

表 8.2　各层次上物理量计算得出的数值

	p	T	T_{dew}	w	T_{virt}	θ_{virt}	θ_{ep}	r	e_s	T_{LCL}
	1000	303	296	0.0182	306.4	306.4	357.4	0.66	43.1	294.3
层 1	950	300	294	0.0169	303.0	307.5	355.1	0.70	36.0	292.6
层 2	900	296	293	0.0166	299.0	308.1	355.0	0.83	28.2	292.3
层 3	850	293	293	0.0176	296.1	310.2	360.2	1.00	23.4	293.0
层 4	800	291	283	0.0099	292.8	312.1	340.1	0.61	20.6	281.3
层 5	750	288	278	0.0149	290.6	315.5	361.7	0.51	17.0	276.0
层 6	700	283	275	0.0063	284.1	314.6	333.3	0.58	12.2	273.4
层 7	650	278	273	0.0058	279.0	315.6	332.9	0.70	8.6	272.0

(1)根据表 8.2 的结果和条件(8.12)、(8.13),可以发现对于各层中的上升气块,层 1 是稳定的($\mathrm{d}\theta_{\mathrm{virt}}/\mathrm{d}z>0$),层 2 是稳定的($\mathrm{d}\theta_{\mathrm{virt}}/\mathrm{d}z>0$),层 3 是稳定的($\mathrm{d}\theta_{\mathrm{virt}}/\mathrm{d}z>0$),层 4 是不稳定的($\mathrm{d}\theta_{\mathrm{ep}}/\mathrm{d}z<0$),层 5 是稳定的($\mathrm{d}\theta_{\mathrm{virt}}/\mathrm{d}z>0$),层 6 是不稳定的($\mathrm{d}\theta_{\mathrm{ep}}/\mathrm{d}z<0$),层 7 是稳定的($\mathrm{d}\theta_{\mathrm{virt}}/\mathrm{d}z>0$)。

(2)类似地,可以发现层 1 是对流不稳定的($\mathrm{d}\theta_{\mathrm{ep}}/\mathrm{d}z<0$),层 2 是对流中性的($\mathrm{d}\theta_{\mathrm{ep}}/\mathrm{d}z\approx0$),层 3 是对流稳定的($\mathrm{d}\theta_{\mathrm{ep}}/\mathrm{d}z>0$),层 4 是对流不稳定的($\mathrm{d}\theta_{\mathrm{ep}}/\mathrm{d}z<0$),层 5 是对流稳定的($\mathrm{d}\theta_{\mathrm{ep}}/\mathrm{d}z>0$),层 6 是对流不稳定的($\mathrm{d}\theta_{\mathrm{ep}}/\mathrm{d}z<0$),层 7 是近似对流中性的($\mathrm{d}\theta_{\mathrm{ep}}/\mathrm{d}z\approx0$)。

(8.2)在一个大气层中,虚温是恒定的,等于 10 ℃。如果初始波动导致气块绝热上升,计算使气块从气层的底部上升 1 km,在它开始下沉前必须给予气块单位质量的能量。

当一个气块在大气中上升时,根据物体的运动是沿着浮力的方向运动,还是与浮力方向相反的运动,会受到浮力做的功或克服浮力做功。如果浮力是向下的(负浮力),需要做功克服;如果浮力是向上的(正浮力),浮力将做一定的功。在上面的问题中,由于气层是等温的,所以气层是稳定的。因此,作用于气块上的浮力是负的,被迫上升的气块不得不回到初始高度。但是在它开始返回之前,它会达到一个最大的高度,这取决于最初的冲量有多大。回顾第 4 章

$$\delta W = F\mathrm{d}z = ma\mathrm{d}z = m\ddot{z}\mathrm{d}z$$

因此,当气块被迫从高度 i 上升至高度 f 做的功 W 为

$$W = \int_i^f m\ddot{z}\mathrm{d}z \tag{8.15}$$

利用式(8.3),上述方程成为

$$W = \int_i^f mg\left[\frac{T'_{\mathrm{virt}}(z) - T_{\mathrm{virt}}(z)}{T_{\mathrm{virt}}(z)}\right]\mathrm{d}z \tag{8.16}$$

或

$$W = gm\int_i^f \frac{T'_{\mathrm{virt}}(z)}{T_{\mathrm{virt}}(z)}\mathrm{d}z - gm\int_i^f \mathrm{d}z$$

或假设上升是干绝热的,

$$W = gm\int_i^f \frac{(T_{\mathrm{virt},0} - \Gamma_\mathrm{d}z)}{T_{\mathrm{virt}}(z)}\mathrm{d}z - gm(z_\mathrm{f} - z_i)$$

因为 $T_{\mathrm{virt}}(z) = T_{\mathrm{virt},0}$,假设气层的底部在 $z=0$(如 $z_i=0$ m 和 $z_f=1000$ m),可以发现单位质量做的功等于 -169.7 J·kg^{-1},如克服浮力做的功。因为上升假设是绝热的,$\delta Q=0$,那么从第一定律可得

$$\Delta u = 169.7 \text{ J·kg}^{-1}$$

这是使得上述过程发生必须给予气块的单位质量的能量。

注意到,利用静力假设,式(8.16)可以表示为

$$W = \int_i^f -\frac{m}{\rho}\left(\frac{T'_{\text{virt}} - T_{\text{virt}}}{T_{\text{virt}}}\right) \mathrm{d}p$$

或利用

$$p = \rho R_d T_{\text{virt}}$$

$$W = -R_d m \int_i^f (T'_{\text{virt}} - T_{\text{virt}})\frac{\mathrm{d}p}{p}$$

或

$$W = -R_d m \int_i^f (T'_{\text{virt}} - T_{\text{virt}})\mathrm{d}\ln p \tag{8.17}$$

在 $(T\text{-}\ln p)$ 图中,上述方程与环境的垂直廓线和气块虚温的垂直廓线围合的区域成正比。式(8.16)和(8.17)给出了浮力做的最大功,除以总质量可得(回顾经常处理的绝热过程,如 $\delta Q = 0$)对流有效位能(CAPE)和对流抑制位能(CINE)。更多的关于 CAPE 和 CINE 及它们的应用,将在下一章讨论。

习题

(8.1)详细阐述在推导气块从平衡态发生小位移的稳定性条件时所做的五个假设。

(8.2)如果气层中的虚温廓线是 $T_{\text{virt}}(z) = T_{\text{virt},0} a/(a+z)$,其中 $a > 0$ 且 $T_{\text{virt},0} > a\Gamma_d$,推导虚位温的垂直廓线。在该大气层中不饱和气块的稳定度条件是什么?($z < z_c$ 不稳定,$z > z_c$ 稳定,$z = z_c$ 中性,其中 $z_c = \sqrt{(a T_{\text{virt},0}/\Gamma_d)} - a$)

(8.3)如果气层中虚位温的廓线是

$$\frac{\theta_{\text{virt}}}{\theta_{\text{virt},0}} = e^{\frac{z}{a_1}} - \frac{z}{a_2}$$

气层中不饱和气块的稳定度条件是什么?(当 $z > a_1 \ln(a_1/a_2)$ 时稳定,当 $z < a_1 \ln(a_1/a_2)$ 时不稳定)

(8.4)大气层是等温的,干气块受到一个向上的位移开始围绕初始高度振荡,画出作为气层温度函数的振荡周期,能够观察到什么?

(8.5)如果根据 $\mathrm{d}\phi = g\,\mathrm{d}z$ 和 $\phi(0) = 0$ 定义位势,显示在静力平衡条件下

$$\Delta z = \left(\frac{R_d}{g}\ln\frac{p_1}{p_2}\right)\overline{T}_{\text{virt}}$$

式中 Δz 是介于 p_1 和 $p_2(p_1 > p_2)$ 之间的气层,$\overline{T}_{\text{virt}}$ 是气层的平均虚温。利用上述关系显示出如果一个气层被整体抬升,而平均虚温维持不变,那么高层压力变化 $\mathrm{d}p_2$ 与低层变化 $\mathrm{d}p_1$ 具有以下关系式

$$\frac{\mathrm{d}p_1}{p_1} = \frac{\mathrm{d}p_2}{p_2}$$

(8.6)证明对于定常虚温递减率,大气($T_{virt}(z) = T_{virt} - \Gamma_{virt}z$)

$$p = p_0 \left[1 - \frac{\Gamma_{virt}z}{T_{virt,0}} \right]^{g/R_d\Gamma_{virt}}$$

(8.7)证明对于 $T_{virt}(z) = T_{virt,0}$ 的大气

$$p = p_0 e^{-gz/R_d T_{virt,0}}$$

(8.8)由以下的数据求出每一层的稳定度和对流稳定度。

p（hPa）	T_{virt}（℃）	T_{dew}（℃）
1000	30.0	22.0
950	25.0	21.0
900	18.5	18.0
850	16.5	15.0
800	20.0	10.0
750	10.0	5.0
700	−5.0	−10.0
650	−10.0	−15.0
600	−20.0	−30.0

(8.9)在从地面延伸到高度为 900 hPa 的不稳定气层中,虚温以 25 ℃·km^{-1} 的比率随高度下降,在地面上给予空气块初速度 1 m·s^{-1}。如果地面上的虚温是 7 ℃,并假设气块是干燥的且一直维持,求 1 min 后,它的位置和速度。（81 m,2.1 m·s^{-1}）

(8.10)当陆地上的空气变得比水面上的空气更暖时,海风和湖风就形成了。陆地上空的暖空气上升,破坏了压力分层,造成了陆地和水面之间的水平压力梯度。风的高度是水平压力梯度消失的高度。假设陆地和水面上的垂直虚温廓线是等温且相等的,证明这个高度为下式

$$h = \frac{R_d \ln(p_w/p_1)}{g\left(\frac{1}{T_{virt,w}} - \frac{1}{T_{virt,1}}\right)}$$

式中下角标 1 和 w 分别表示陆地和水面。

(8.11)考虑问题 8.6、8.7 和 8.10,如果这些问题用温度廓线而不是虚温廓线来说明,结果会有何不同?

第9章 热力学图

第1章至第6章阐述了与热力学有关的基本物理和数学概念。虽然讨论的总是与大气有关,但直到第7章,才以一种更实用的方式介绍了如何应用这些概念来求得对大气过程有用的量。然而,即使理解了所有的数学公式,仍然需要一种有效的方法来表示和可视化大气中的热力学过程,热力学图可以做到这一点。为此我们试图用 (p,V) 或 (p,T) 图来图形化显示热力学过程。然而,这样的图虽然简单,但是在使用时可能不是很方便。

由于图的目的是有效地和清楚地显示过程和估计热力学量,故期望热力学图能满足以下几点:(1)对于每一个循环过程面积应当与做的功或能量成正比(面积等价转换);(2)线应该是直的(易于使用);(3)绝热线和等温线之间的角度应该尽可能大(容易区分)。(p,V) 图 $(p\,da = \delta w)$ 满足第一个条件,但等温线和绝热线之间的角度不大(图 4.5a)。正因为如此,尽管它的目的是用于图解,但在实践中并没有使用此图。

9.1 面积等价转换的条件

当构造一个新的图时,实际上,从 $x = a$, $y = -p$ 域到一个由两个新坐标如 **u** 和 **w**[①] 表示的新域,这两个坐标系如图 9.1 所示。如果希望第一个条件被满足,那么在 (x,y) 域内的面积 $dA = |\mathrm{d}\vec{x} \times \mathrm{d}\vec{y}|$ 可以投影到 $(\mathbf{u}, \mathbf{w})$ 域中的面积 $dA' = |\mathrm{d}\vec{\mathbf{u}} \times \mathrm{d}\vec{\mathbf{w}}|$,因此 $dA = \zeta dA'$($\times$ 这里代表两个矢量的叉乘,且 $\zeta > 0$ 是常数)。因为任意点对 x 和 y 被转换成 **u** 和 **w**,有 $x = x(\mathbf{u}, \mathbf{w})$ 和 $y = y(\mathbf{u}, \mathbf{w})$,可以写出

$$\mathrm{d}\vec{x} = \frac{\partial x}{\partial \mathbf{u}} \mathrm{d}\vec{\mathbf{u}} + \frac{\partial x}{\partial \mathbf{w}} \mathrm{d}\vec{\mathbf{w}}$$

$$\mathrm{d}\vec{y} = \frac{\partial y}{\partial \mathbf{u}} \mathrm{d}\vec{\mathbf{u}} + \frac{\partial y}{\partial \mathbf{w}} \mathrm{d}\vec{\mathbf{w}}$$

那么

$$\mathrm{d}A = \left(\frac{\partial x}{\partial \mathbf{u}} \frac{\partial y}{\partial \mathbf{w}} - \frac{\partial x}{\partial \mathbf{w}} \frac{\partial y}{\partial \mathbf{u}} \right) |\mathrm{d}\vec{\mathbf{u}} \times \mathrm{d}\vec{\mathbf{w}}| \qquad (9.1)$$

其中已经利用了事实

---

① **u** 和 **w** 代表一个新的域的两个坐标轴,因为斜体的 **u** 和 **w** 分别会与速度和水汽混合比混淆,因此作为坐标轴的含义时,采取正体加粗表示。另外,作为坐标轴的含义仅在第9章出现。

$$d\vec{\mathbf{u}} \times d\vec{\mathbf{u}} = d\vec{\mathbf{w}} \times d\vec{\mathbf{w}} = 0$$

和

$$d\vec{\mathbf{u}} \times d\vec{\mathbf{w}} = -d\vec{\mathbf{w}} \times d\vec{\mathbf{u}}$$

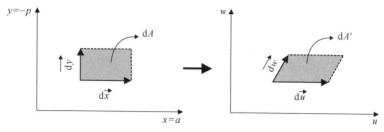

图 9.1　面积等价转换

在式(9.1)中，$|d\vec{\mathbf{u}} \times d\vec{\mathbf{w}}| = dA'$，因此

$$dA = \zeta dA' \tag{9.2}$$

式中

$$\zeta = J = \begin{vmatrix} \dfrac{\partial x}{\partial \mathbf{u}} & \dfrac{\partial x}{\partial \mathbf{w}} \\[2mm] \dfrac{\partial y}{\partial \mathbf{u}} & \dfrac{\partial y}{\partial \mathbf{w}} \end{vmatrix}$$

这是坐标变换的雅可比矩阵。因此，面积等价的条件是雅可比矩阵应该是一个常数(如果 $J = 1$，那么这是一个等面积变换)。由上面的方法可以得知这两个新坐标是否是一个面积等效的转换，但是 $\mathbf{u}$ 和 $\mathbf{w}$ 必须都得到明确，如果只明确了其中一个，则采取如下的另一种方法。因为 $dA = \zeta dA'$ 可得

$$\oint y \, dx = \oint -p \, da = \zeta \oint \mathbf{w} d\mathbf{u}$$

或

$$\oint (p \, da + \zeta \mathbf{w} d\mathbf{u}) = 0$$

如果 $p \, da + \zeta \mathbf{w} d\mathbf{u} = dz$ 是全微分，则上述条件成立，因此 $z = f(a, \mathbf{u})$ 且

$$dz(a, \mathbf{u}) = \left(\frac{\partial z}{\partial a}\right)_{\mathbf{u}} da + \left(\frac{\partial z}{\partial \mathbf{u}}\right)_{a} d\mathbf{u}$$

那么，面积等价转换的充分条件是

$$p = \left(\frac{\partial z}{\partial a}\right)_{\mathbf{u}}$$

和

$$\zeta \mathbf{w} = \left(\frac{\partial z}{\partial \mathbf{u}}\right)_{a}$$

由上述两式得

$$\left(\frac{\partial p}{\partial \mathbf{u}}\right)_a = \frac{\partial^2 z}{\partial a\, \partial \mathbf{u}}$$

和

$$\zeta\left(\frac{\partial \mathbf{w}}{\partial a}\right)_{\mathbf{u}} = \frac{\partial^2 z}{\partial a\, \partial \mathbf{u}}$$

因此,如果

$$\zeta\left(\frac{\partial \mathbf{w}}{\partial a}\right)_{\mathbf{u}} = \left(\frac{\partial p}{\partial \mathbf{u}}\right)_a \tag{9.3}$$

那么面积将是等价的(同样如果 $\zeta = 1$,面积将相等)。由式(9.3)中,如果明确给出了 $\mathbf{u}$,为了使这个变换是一个面积等价的变换,可以求出 $\mathbf{w}$ 的值。

9.2 热力学图的例子

9.2.1 温熵图

如果假定 $\mathbf{u} = T$,那么

$$\left(\frac{\partial p}{\partial \mathbf{u}}\right)_a = \left(\frac{\partial p}{\partial T}\right)_a$$

利用理想气体定律,上式可推出

$$\left(\frac{\partial p}{\partial \mathbf{u}}\right)_a = \frac{R}{a}$$

结合式(9.3)知

$$\zeta\left(\frac{\partial \mathbf{w}}{\partial a}\right)_T = \frac{R}{a}$$

或

$$\zeta\left(\frac{\partial \mathbf{w}}{\partial a}\right)_T \mathrm{d}a = \frac{R}{a}\mathrm{d}a$$

或者积分后

$$\zeta\mathbf{w} = R\ln a + f(T) \tag{9.4}$$

其中 $f(T)$ 是能够选择的积分常数,利用泊松方程可写出

$$\frac{T}{\theta} = \left(\frac{RT}{1000a}\right)^k$$

或

$$\ln a = \frac{1}{k}(\ln\theta - \ln T) + \ln T + \ln R - \ln 1000$$

或

$$R\ln a = c_p\ln\theta + f'(T)$$

如果将上式与式(9.4)结合,选择 $f(T)=-f'(T)$ 且 $\zeta=c_p$,可以得到一个具有如下坐标的面积等价图

$$\mathbf{w}=\ln\theta \tag{9.5}$$
$$\mathbf{u}=T$$

显然,在这个图中,干绝热是直线,垂直于等温线(图 9.2)。等压线的方程可由 $p=$ 常数的泊松方程导出:

$$\ln\theta=\ln T + 常数$$

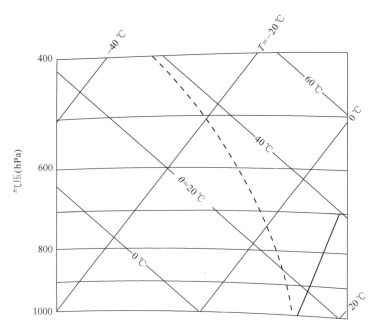

图 9.2 温熵图,显示了等压线、等温线和干绝热线,$w_s=10 \text{ g}\cdot\text{kg}^{-1}$ 的饱和混合比线
(粗实线)和假绝热线 $\theta_e=40 \text{ }℃$(虚线)

在坐标系 $(\ln\theta, T)$ 中,上述方程描述了对数曲线。在可逆的循环中,对单位质量的空气做的功 $(-q)$ 与循环是成正比的:$-q=-\oint T\,\mathrm{d}s=-c_p\oint T\,\mathrm{d}\ln\theta=-c_p A_{\text{teph}}$,其中 A_{teph} 是温熵图[1]中循环的面积(逆时针方向为正值)。如果空气是干的,则 $c_p=c_{pd}$。

9.2.2 埃玛图

假设 $\mathbf{u}=T$,通过对状态方程求对数可得

$$\ln a=-\ln p + \ln R + \ln T$$

---

[1] "温熵图"源于此图的坐标,分别是 T 和熵。熵最初用 ϕ(phi)表示,但现在用 S 来表示。

合并上式与式(9.4)可得

$$\mathbf{w} = -\zeta^{-1} R \ln p + \zeta^{-1} [R \ln R + R \ln T + f(T)]$$

如果选择 $f(T) = -R \ln R - R \ln T$ 且 $\zeta = R$，可以得到具有如下坐标的面积等价图

$$\mathbf{w} = -\ln p \tag{9.6}$$

$$\mathbf{u} = T$$

在这个图(称为埃玛图——单位质量的能量图)中等压线是平行的直线,垂直于等温线,干绝热线又是由泊松方程导出

$$\ln\theta = \ln T + k_d \ln 1000 - k_d \ln p$$

或

$$-\ln p = -\frac{1}{k_d} \ln T + 常数$$

因为坐标是 $\ln p$ 和 T，上式不是一条直线。在埃玛图中干绝热线是稍微弯曲的线(图 9.3)，它们与等温线的角度约为 45 ℃，这里在一个可逆循环 $(-\oint p\,da)$ 中对单位质量空气做的功与循环的面积也是成正比:

$$-\oint p\,da = \oint [-d(pa) + a\,dp]$$

$$= \oint [-R\,dT + a\,dp]$$

$$= -\oint R\,dT + \oint a\,dp$$

$$= \oint a\,dp$$

$$= \oint RT \frac{dp}{p}$$

$$= -R\oint T\,d(-\ln p)$$

$$= -RA_{em}$$

式中 A_{em} 是埃玛图中循环包裹的面积,如果逆时针的话,为正值。如果是干空气，$R = R_d$。

9.2.3 倾斜的埃玛图(倾斜 $(T\text{-}\ln p)$ 图)

现在假设 $\mathbf{u} = -\ln p$，那么

$$\zeta \left(\frac{\partial \mathbf{w}}{\partial a} \right)_{\ln p} = -\left(\frac{\partial p}{\partial \ln p} \right)_a$$

或

$$\zeta \left(\frac{\partial \mathbf{w}}{\partial a} \right)_{\ln p} = -p$$

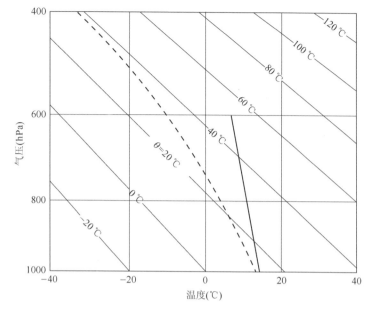

图 9.3　埃玛图,显示了等压线、等温线和干绝热线,$w_s = 10\ \text{g} \cdot \text{kg}^{-1}$ 的饱和
混合比线(粗实线)和假绝热线 $\theta_e = 40\ ^\circ\text{C}$(虚线)

或

$$\zeta \left(\frac{\partial \mathbf{w}}{\partial a}\right)_{\ln p} \mathrm{d}a = -p\,\mathrm{d}a$$

对 $p =$ 常数 积分可得

$$\zeta \mathbf{w} = -pa + F(\ln p)$$

或

$$\zeta \mathbf{w} = -RT + F(\ln p)$$

此时可以选择 $F(\ln p) = -\xi \ln p$,其中 ξ 是常数,那么

$$\zeta \mathbf{w} = -RT - \xi \ln p$$

如果选择 $\zeta = R$,可以得到具有如下坐标的新图

$$\mathbf{w} = -T - \xi/R \ln p$$

$$\mathbf{u} = -\ln p$$

由于图中面积的符号只涉及循环进行的方向,所以新的坐标系统可以写成

$$\mathbf{w} = T + \frac{\xi}{R} \ln p \tag{9.7}$$

$$\mathbf{u} = -\ln p$$

这代表对埃玛图的修正(实际上是旋转),它提供了绝热线和等温线之间更大的
角度(图 9.4)。这个图中的等温线符合下式

$$\mathbf{w} = 常数 + \frac{\xi}{R}\ln p$$

或

$$\mathbf{w} = 常数 - \frac{\xi}{R}\mathbf{u}$$

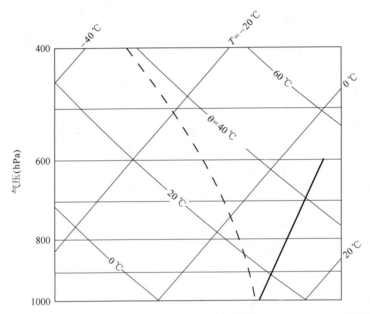

图 9.4　T-$\ln p$ 图,显示了等压线、等温线和干绝热线,$w_s = 10 \text{ g} \cdot \text{kg}^{-1}$ 的饱和混合比线(粗实线)和假绝热线 $\theta_e = 40\ ℃$（虚线）

在$(\mathbf{u},\mathbf{w})$域中,这个方程代表了直线,其斜率等于 ξ/R。 因此,可以选择使得等温线垂直于干绝热线的 ξ,注意干绝热方程不是线性的。由泊松方程,有 $\ln\theta = \ln T + k_d\ln 1000 - k_d\ln p$ 或 $\ln p = (1/k_d)\ln T +$ 常数。 然而,这里 $\ln p$ 是一个坐标,$\ln T$ 不是,所以干绝热线不是严格的直线。这里很容易证明,循环过程所做的功与循环的面积成正比。倾斜的埃玛图和温熵图是最常用的图,其他图也被提出过(习题 9.1～9.3),但是它们的实际功用是有限的。本书末尾提供了一个详细的倾斜 T-$\ln p$ 图(图 A.1)。

为了在图中完整地描述一个热力学过程,除了等温线、等压线和绝热线外,还需要定义等混合比线和饱和绝热线,参见第 7 章,由混合比的定义得出

$$p = e_{sw}(T) + \frac{\varepsilon e_{sw}(T)}{w_{sw}}$$

或

$$p \approx \frac{\varepsilon e_{sw}(T)}{\omega_{sw}} \tag{9.8}$$

对于一个常数 w_{sw}，上述方程定义了一组曲线，在 $(T - \ln p)$ 域中近似(但不完全)为直线：

$$p \approx \frac{6.11\varepsilon}{w_{sw}}\exp(19.83 - \frac{5417}{T})$$

或

$$\ln p \approx \ln\frac{6.11\varepsilon}{w_{sw}} + 19.83 - \frac{5417}{T}$$

或

$$\ln p \approx A + \frac{B}{T}$$

式中 $A = \ln(6.11\varepsilon/w_{sw}) + 19.83$，$B = -5417$。上式对 w_{sw} 和 T 的典型值近似为直线。因为 $w = w_{sw}(T_{dew}, p)$，不饱和空气的露点定义了在 (T, p) 的混合比 w，在 (T, p) 的混合比定义了露点温度。

饱和绝热线由式(7.63)确定，它们可以被标注为估算的 θ_{ep} 或(通过式(7.64))相关的 θ_{wp}。

9.3　$T\text{-}\ln p$ 图中的热力学变量的图形化表达

图 9.5 显示了在 $T\text{-}\ln p$ 图中得到第 7 章中解析推导的所有热力学变量的图形化过程。从状态 (T, p) 开始，假设空气是不饱和的，混合比为 w($w =$ 常数线和温度轴相交点给出了露点温度)。跟随干绝热线经过点 (T, p)(线 a_1)降至 1000 hPa 可以得到位温 θ。随着它上升，与 $w =$ 常数线相交，到达抬升凝结高度(p_{LCL})，在这里，气块首次饱和，其温度为 T_{LCL}。通过点 (T_{LCL}, p_{LCL}) 经过由 θ_{ep} 定义的假绝热线 s，如果沿着假绝热线降至初始高度 p，可以得到假湿球温度 T_{wp}，继续下降至 1000 hPa 可得到假湿球位温 θ_{wp}(这也表明了 θ_{wp} 与 θ_{ep} 之间的一对一关系，因此假绝热线的标注是 θ_{ep} 或者 θ_{wp})。如果沿着假绝热线 s 上升到达一个气压层，在该层可以假设所有水汽凝结并从气块中掉落(通常这个高度是 200 hPa)，然后跟随干绝热线经过点(线 a_2)下降到初始高度，可得假相当温度 T_{ep}，持续降至 1000 hPa 可得到假相当位温 θ_{ep}。需注意到，T_{ei}、T_w、θ_w 和 θ_e 并不能在图上直接估计。如第 7 章中讨论的，尽管它们非常接近，实际上 $T_{ei} \neq T_{ep}$，$T_w \neq T_{wp}$，$\theta_w \neq \theta_{wp}$ 且 $\theta_{ei} \neq \theta_{ep}$(回顾式(7.66))。

9.3.1　利用图表进行预测

图 9.6 所示为 1997 年 6 月 21 日 00 时(世界时)在达文波特测得的探空 $T\text{-}\ln p$ 图。实线是环境温度的垂直廓线，它左边的粗虚线是露点温度的垂直廓线，在地面气块是不饱和的，气块的抬升凝结高度约为 860 hPa，此处 $T_{LCL} = 20\ ℃$。在 LCL 上方的细虚线是经过点 (T_{LCL}, p_{LCL}) 的假绝热线，在 LCL 下方的细虚线是经过在地面

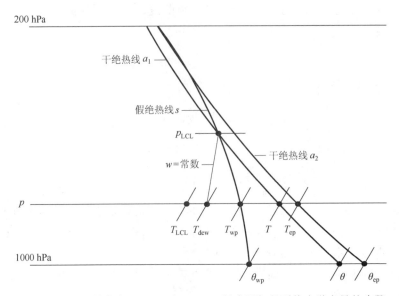

图 9.5　给定初始状态(T,p)，由$(T\text{-}\ln p)$图来图解得到热力学变量的步骤

上的点(T,p)的干绝热线。假绝热线与温度廓线在点 A 处相交，在这一点之前，气块的温度低于环境温度。因此，从地面到点 A 的气层是稳定的。这意味着该层的浮力是负的，如果来自地面的气块要达到这个高度，就必须克服浮力做功。所需的功与较暗的阴影面积（负面积）成正比。这个功或者这个负面积的大小通常被称为对流抑制能(CINE)，由式(8.17)给出，设 $i=p_{\text{surface}}$ 和 $f=p_A$。（这里实际上对 T 和 T_{virt} 没有做区分）。

$$\text{CINE}=R\int_{p_{\text{surface}}}^{p_A}(T'-T)\,\mathrm{d}\ln p$$

在此个例中，$p_{\text{surface}}\approx 980$ hPa 且 $p_A\approx 740$ hPa。假设在这一层中的平均值$(T'-T)$约为-0.8 ℃且$R\approx R_{\text{d}}$，则发现 $CINE\approx 64$ J·kg^{-1}。回顾式(8.15)可得

$$\text{CINE}=\int_{p_{\text{surface}}}^{p_A}\frac{\mathrm{d}v}{\mathrm{d}t}v\,\mathrm{d}t=\frac{1}{2}v^2_{\,A}-\frac{1}{2}v^2_{\,\text{surface}}$$

式中 v 是垂直速度。假设 $v_A\approx 0$ 可得如果由地面抬升的气块能达到 A，那么最小的初始冲力应该是

$$v_{\text{min}}=\sqrt{2\text{CINE}}\approx 11.4 \text{ m·s}^{-1}$$

因此，除非有 11.4 m·s^{-1} 的初始扰动作用在气块上，否则它无法到达点 A。这个点被称为自由对流高度(LFC)。在这个层以上一直到 150 hPa，气块都比环境的温度高，由 LFC 到 150 hPa 的浮力是正的，现在由浮力做功。这个功与浅色的阴影区域成正比（正区域）。在这一层，到达 LFC 的气块可以自由上升并加速。注意，

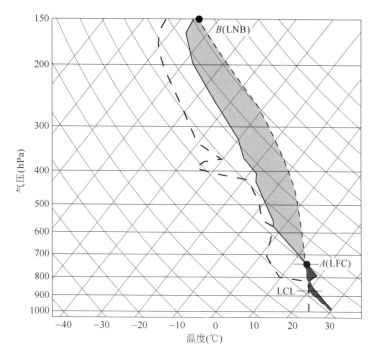

图 9.6　1997 年 6 月 21 日 00 时(世界时)达文波特的探空图。如在文中解释的,
该图提供的信息不能支持当天深对流的发展,然后当天在后半段确实出现了
深对流并导致中西部部分地区的强天气。详情请见正文

由于平流层的逆温作用,150 hPa 以上的温度通常随高度增加而增加。因此,存在一个点(在示例中是 B),在该点,气块的温度和环境温度再次相等。超过这个高度,即所谓的中性浮力高度(LNB),需克服浮力做功,气块开始减速。正面积的大小称为对流有效位能(CAPE),由下式表示

$$CAPE = -R \int_{LFC}^{LNB} (T' - T) \, d\ln p$$

假设 LFC 与 LNB 之间,气块与环境温度的平均差为 7 ℃,$R \approx R_d$,可以估算 $CAPE \approx 3200 \ J \cdot kg^{-1}$。如上所述,可以证明在这种情况下,一个气块将达到的最大速度是

$$v_{max} = \sqrt{2CAPE} \approx 80 \ m \cdot s^{-1}$$

CINE 和 CAPE 都非常有用,因为它们提供了关于对流是否会发生(CINE)以及风暴可能会有多严重(CAPE)的信息。

在我们给出的例子中,CAPE 相当高。因此,如果气块能够到达 LFC,它们将大大加速,随后将发生深对流。然而,在这个特殊的例子中,预测深对流的问题是 CINE 的值相当大,可能会抑制对流的发展。在实际操作中,应监控高 CAPE 值的情

况,确定是否由于低层空气变暖而消除了负面积,或是否低空急流或锋生作用有助于向上加速。在该个例中,所有这些都发生了,因此当天在中西部发生强对流和恶劣天气。

与 CAPE 和 CINE 一样,可以通过探空来计算可降水量。如果回顾一下习题7.19 中可降水量的定义以及式(7.2)中比湿的定义,可得

$$d_w = \frac{1}{\rho_w} \int_0^\infty q\rho \, dz$$

或者利用静力假设

$$d_w = \frac{1}{g\rho_w} \int_0^{p_{surface}} q \, dp$$

由上式可知,可通过对比湿廓线积分估算出可降水量。利用第 7 章给出的公式,可以从 T 和 T_d 的垂直廓线得到作为气压函数的比湿廓线。

例题

(9.1)在 1000 hPa 的气块,温度为 20 ℃,混合比是 10 g·kg^{-1},气块被抬升至700 hPa 穿越一座山,在上升过程中 80% 的水汽凝结从气块掉落。求气块到达山的另一边降至 1000 hPa 时的温度和位温。

气块位于 $T = 20$ ℃和 $p = 1000$ hPa($w = 10$ g·kg^{-1})的坐标点,在该点上,饱和混合比约是 16 g·kg^{-1},因此,气块是不饱和的。当它开始上升时,将沿着该点的干绝热线上升(因为在 1000 hPa,所以是 20 ℃)。干绝热线与 $w = 10$ g·kg^{-1} 线相交的点位于 $p = 910$ hPa 和 $T = T_{LCL} \approx 12.4$ ℃,这是抬升凝结高度,从该点气块将沿着相应的假绝热线移动。($\theta_{ep} = 49.5$ ℃,在 T-$\ln p$ 图中可以标注为 $\theta_{wp} = 16.5$ ℃)。在 700 hPa,饱和混合比约为 6.66 g·kg^{-1},因此,每千克干空气中 10−6.66=3.34 g 的水汽在从 910 hPa 到 700 hPa 的饱和上升过程中凝结。因为 80% 由于降水被去除,可得 0.668 g·kg^{-1} 的液态水在开始下降时保留在气块中,这意味着最初下降沿着同样的饱和绝热线直到所有的水蒸发,如:直到混合比从 6.66 增加至 6.66+0.668=7.328 g·kg^{-1},这将发生在假绝热线与 $w = 7.328$ 相交的点,该点的坐标 $p \approx 750$ hPa 和 $T \approx 4$ ℃,从这点开始,下降可以由相应的干绝热线($\theta \approx 28$ ℃)表示,因此,山的另一边 $p = 1000$ hPa,$T = \theta = 28$ ℃。

习题

(9.1)证明坐标为 $u = \ln T$,$w = -T\ln p$ 的 Refsdal 图是等面积图,且它的等压线和干绝热线都不是直线。

(9.2)证明坐标为 $u = T$,$w = -p^{k_d}$ 的 Stüve(或假绝热)图不是一个等面积图,证明等压线、等温线和干绝热线都是直线。

(9.3)利用雅可比矩阵的方法证明坐标为 $\mathbf{u}=T$，$\mathbf{w}=c_p\ln\theta$ 的图是等面积图。

(9.4)根据表格中的探空数据

$p(\text{hPa})$	$T(\text{℃})$
950	22.5
900	18.0
850	15.0
800	16.0
750	12.0
700	7.0
650	4.0
600	−1.5
500	−10.0
400	−20.0

利用图解法求出(a)混合比；(b)相对湿度；(c)位温；(d)假湿球温度；(e)假湿球位温。求出以上量后，计算湿球温度、相当温度、假相当位温、假相当温度。假设 $l_v=2.45\times10^6\ \text{J}\cdot\text{kg}^{-1}$，$c_w=4218\ \text{J}\cdot\text{kg}^{-1}$，且 950 hPa 的露点温度是 15.7 ℃。（12.4 g·kg^{-1}，0.68，27.5 ℃，18 ℃，20 ℃，19 ℃，51 ℃，66 ℃，60 ℃）

(9.5)如果在前面的问题中，把探空扩展如下，近似估计 CAPE 值，

$p(\text{hPa})$	$T(\text{℃})$
300	−35.0
200	−55.0
150	−60.0

是否会出现深对流呢？

(9.6)考虑如下的情景(图 9.7)。有一天，在 $T\text{-}\ln p$ 图上，从地面(1000 hPa)到 200 hPa 的温度廓线具有一个固定的递减率 7 ℃·km^{-1}，在 200 hPa 以上温度是常数。如果在地面气块是饱和的，假设近似以 6.5 ℃·km^{-1} 的定常递减率进行饱和绝热上升，估计这一天最大的垂直速度。地面的温度是 30 ℃，假设 $R=R_d$（约为 54 m·s^{-1}）。

(9.7)空气块的初始温度是 15 ℃，露点温度 0 ℃，由 1000 hPa 绝热抬升，求抬升凝结高度和该高度上的温度。如果进一步抬升至 250 hPa，最终的温度会是多少？能形成多少液态水？（约为 800 hPa，约等于 −3 ℃，约为 −22 ℃，约为 2.7 g·kg^{-1}）

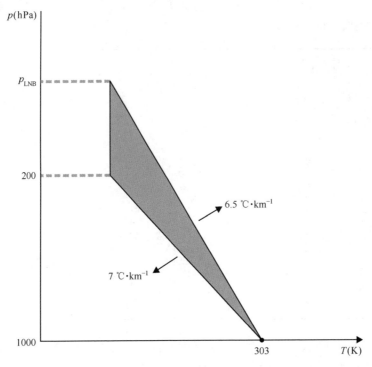

图 9.7 习题 9.6 的配图。从地面(1000 hPa)到 200 hPa 的温度廓线具有一个固定的递减率
$7\ ℃ \cdot km^{-1}$，在 200 hPa 以上温度是常数。如果在地面气块是饱和的，
假设近似以 $6.5\ ℃ \cdot km^{-1}$ 的定常递减率进行饱和绝热上升，
估计这一天最大的垂直速度，地面的温度是 30 ℃

(9.8)在前面的问题中，如果所有的冷凝水都以降水的形式掉落，请粗略估计一个面积为 $1\ m^2$ 的集雨器上所收集的水的高度？这里需要做出自己的假设。这个结果与用第 7.19 题中的公式得到的结果相比如何？能解释一下有什么不同吗？

(9.9)在 900 hPa 的一个空气块温度为 10 ℃，混合比为 $5\ g \cdot kg^{-1}$，在跨越山脉时气块被抬升到 700 hPa。如果在这个过程中，70％的冷凝水被降水带走，那么当它在山的另一边回到最初的 900 hPa 的高度时，它的温度、位温和假湿球位温会是多少？(约为 14 ℃，约为 23.5 ℃，约为 11 ℃)

(9.10)如果一条单位为℃的温度廓线，当 $z \geqslant 1\ km$ 时，$T(z)=28-8z$，当 $z<1\ km$ 时，$T=20$ ℃，地面的混合比为 $16\ g \cdot kg^{-1}$，利用 $T\text{-}\ln p$ 图估计自由对流高度。(约为 2.4 km)

第 10 章　延伸内容

前几章介绍了大气热力学的基础概念。正如大家所知,在大气科学中,最终目标是尽可能准确地预测天气和气候的变化。热力学过程对预测天气模型的变化至关重要。例如,在云和降水形成过程中,大量的热量与环境交换,在许多不同的空间尺度上影响大气。在最后一章,将介绍预测天气变化背后的基本概念。这一章并不是要彻底地处理这个问题,而是要对接下来会发生的事情有一个大致的了解。

10.1　大气中的基本预测方程

在牛顿框架下,系统的状态由系统各组分的位置和速度精确地描述。在热力学框架中,状态是由所有组分的温度、气压和密度决定的。在动力系统中,如气候系统,这两种框架都适用。因此,描述这样一个系统的出发点将是寻找一组结合了系统的机械运动和热力学演变的方程。

控制大气(以及海洋和海冰)运动和演变的基本方程是由三个基本守恒定律推导出来的:动量守恒、质量守恒和能量守恒。对于大气来说,状态方程与温度、密度和气压有关。综上所述,从动量守恒可以推导出以下一系列运动预测方程(Washington 和 Parkinson ,1986)

$$\frac{\mathrm{d}u}{\mathrm{d}t} - \left(f + u\,\frac{\tan\phi}{a}\right)v = -\frac{1}{a\cos\phi}\,\frac{1}{\rho}\,\frac{\partial p}{\partial \lambda} + F_\lambda \tag{10.1}$$

$$\frac{\mathrm{d}v}{\mathrm{d}t} + \left(f + u\,\frac{\tan\phi}{a}\right)u = -\frac{1}{\rho a}\,\frac{\partial p}{\partial \phi} + F_\phi \tag{10.2}$$

$$\frac{\mathrm{d}\omega}{\mathrm{d}t} = -\frac{1}{\rho}\,\frac{\partial p}{\partial z} - g + F_z \tag{10.3}$$

且

$$\frac{\mathrm{d}}{\mathrm{d}t} = \frac{\partial}{\partial t} + \frac{u}{a\cos\phi}\,\frac{\partial}{\partial \lambda} + \frac{v}{a}\,\frac{\partial}{\partial \phi} + \omega\,\frac{\partial}{\partial z}$$

$$u = a\cos\phi\,\frac{\mathrm{d}\lambda}{\mathrm{d}t}$$

$$v = a\,\frac{\mathrm{d}\phi}{\mathrm{d}t}$$

$$\omega = \frac{\mathrm{d}z}{\mathrm{d}t}$$

式中 u, v, ω 是运动的水平和垂直分量,ϕ 是纬度,λ 是经度,a 为地球半径,f 是科氏力,F 为摩擦力。在上述方程中,驱动运动的力是局地气压梯度力、重力、科氏力和摩擦力。

式(10.3)可以近似为静力方程(假设 $d\omega/dt = 0$,且 $F_z = 0$)

$$g = -\frac{1}{\rho}\frac{\partial p}{\partial z} \tag{10.4}$$

该方程将密度与气压联系起来。

由质量守恒定律,可以推出连续方程

$$\frac{\partial \rho}{\partial t} = -\frac{1}{a\cos\phi}\left[\frac{\partial}{\partial_\lambda}(\rho u) + \frac{\partial}{\partial\phi}(\rho v\cos\phi)\right] - \frac{\partial}{\partial z}(\rho\omega) \tag{10.5}$$

它提供了密度的预测方程,这个基本公式的最后两个方程来自热力学。热力学第一定律(表述能量守恒定律)

$$C_p\frac{dT}{dt} - \frac{1}{\rho}\frac{dp}{dt} = \frac{dQ}{dt} \tag{10.6}$$

式中 dQ/dt 是净的热收入,是温度的预测方程,式(10.1)、(10.2)、(10.3)(或 10.4)、(10.5)、(10.6)形成了由 5 个方程、6 个未知变量 (u,v,ω,p,ρ,T) 组成的系统。 状态方程为

$$p = \rho RT \tag{10.7}$$

它提供了连接气压、密度和温度的额外方程,因此形成由 6 个方程(称为基本方程系统)、6 个未知变量(当然假设 dQ/dt、F_λ 和 F_ϕ 是常数且已知)的系统。然而需要注意的是,因为 dQ/dt、F_λ 和 F_ϕ 必须由其他变量确定,所以这个系统不是闭合系统。这些项对气候模拟非常重要,但是对于短期天气预报,经常是被忽略的。

10.2 湿度

上述预测方程的系统没有考虑湿度。即使模型可以在没有湿度的情况下推导出来,但考虑湿度能极大地改进模拟和预测。类似于质量的连续性,湿度的变化必须由湿度的源和汇来平衡。水汽混合比的连续性方程为

$$\frac{dw}{dt} = \frac{1}{\rho}M + E \tag{10.8}$$

式中 M 是由于凝结或冻结单位体积的水汽的时间变化率,E 是由于从表面蒸发和低于模式分辨率尺度的湿度的水平和垂直扩散引起的单位质量水汽的时间变化率,w 是混合比。通常将上述方程与式(10.5)结合得到

$$\frac{\partial(\rho\omega)}{\partial t} + \frac{1}{a\cos\phi}\left[\frac{\partial}{\partial\lambda}(\rho\omega u) + \frac{\partial}{\partial\phi}(\rho\omega v\cos\phi)\right] + \frac{\partial}{\partial z}(\rho\omega w) = M + \rho E \tag{10.9}$$

当水汽变为水(或冰)时,向大气系统中释放热量;反之,热量则从大气系统中吸取。在这种情况下 $dQ = d(lw_s/T)$。

上述常规而简单的方程只是研究热门的大气运动动力学的起点。这些方程必须加以修改和调整,以便包括许多其他因素的影响(例如辐射过程),并适用于特定的尺度范围(例如中尺度模型)。这些研究对于了解地球的气候和生态起着至关重要的作用。

参考文献

Bolton D，1980. The computation of equivalent potential temperature[J]. Mon Wea Rev，108：1046-1053.

Emanuel K A，1994. Atmospheric Convection[M]. New York：Oxford University-Press.

Fermi E，1936. Thermodynamics[M]. New York：Dover Publications.

Iribarne J V，Godson W L，1973. Atmospheric Thermodynamics[M]. Dordrecht：D. Reidel.

Salby M L，1996. Atmospheric Physics[M]. San Diego：Academic Press.

Washington W M，Parkinson C L，1986. An Introduction to Three-Dimensional Climate Modeling[M]. Mill Valley：University Science Books.

附　录

表 A.1　常用物理量

物理量	单位	
	MKS 系统	egs 系统
长度	m	cm
时间	s	s
速度	$m \cdot s^{-1}$	$cm \cdot s^{-1}$
加速度	$m \cdot s^{-2}$	$cm \cdot s^{-2}$
质量	kg	g
密度	$kg \cdot m^{-3}$	$g \cdot cm^{-3}$
力	$kg \cdot m \cdot s^{-2}$(牛顿,N)	$g \cdot cm \cdot s^{-2}$(达因,dyn)
压力	$kg \cdot m^{-1} \cdot s^{-2}$(帕斯卡,Pa)	$g \cdot cm^{-1} \cdot s^{-2}$(微巴,$\mu$bar)
能量	$kg \cdot m^{2} \cdot s^{-2}$(焦耳,J)	$g \cdot cm^{2} \cdot s^{-2}$(erg)
比能	$m^{2} \cdot s^{-2}$($J \cdot kg^{-1}$)	$cm^{2} \cdot s^{-2}$($erg \cdot g^{-1}$)

注:1 $N=10^5$ dyn;

1 $Pa=10$ μbar;

1 $bar=10^6$ μbar$=10^5$ Pa;

1 atmosphere$=1013$ mb$=1013\times10^2$Pa$=1013$ hPa;

1 $J=10^7$ erg;

1 cal$=4.185$ J。

表 A.2　选取的物理常数

物理常数名称	常　数　值
一般常数	
阿伏伽德罗数,N_a	6.022×10^{23} mol^{-1}
玻尔兹曼常数,k	1.38×10^{-23} $J \cdot K^{-1}$
海表面的重力加速度,g	9.807 $m \cdot s^{-2}$
普适气体常数,R^*	8.314 $J \cdot K^{-1} \cdot mol^{-1}$
干空气的常数	
分子量,M_d	28.97 $g \cdot mol^{-1}$
密度,ρ_d	1.293 $kg \cdot m^{-3}$(STP)*
比气体常数,R_d	287 $J \cdot kg^{-1} \cdot K^{-1}$
等压比热(273 K),c_{pd}	1005 $J \cdot kg^{-1} \cdot K^{-1}$

物理常数名称	常 数 值
等容比热(273 K)，c_{Vd}	718 J・kg^{-1}・K^{-1}
比热率，γ_d	1.4
水的常数	
分子量，M_v	18.015 g・mol^{-1}
密度(水)，ρ_w	1000 kg・m^{-3}(STP)
密度(冰)，ρ_i	917 kg・m^{-3}(STP)
比气体常数，R_v	461.51 J・kg^{-1}・K^{-1}
$\varepsilon = M_d/M_v = R_d/R_v$	0.622
等压比热(273 K)（水汽，c_{pv}）	1850 J・kg^{-1}・K^{-1}
等容比热(273 K)（水汽，c_{Vv}）	1390 J・kg^{-1}・K^{-1}
比热容(273 K)（水，$c_{pw} \approx c_{Vw} \approx c_w$）	4218 J・kg^{-1}・K^{-1}
比热容(273 K)（冰，$c_{pi} = c_{Vi} = c_i$）	2106 J・kg^{-1}・K^{-1}
潜热	见表 A.3

注：STP 表示标准温度和气压(273 K,1013 hPa)。

表 A.3　比潜热

T(℃)	l_s (10^6 J・kg^{-1})	l_f (10^6 J・kg^{-1})	l_v (10^6 J・kg^{-1})
−100	2.8240		
−90	2.8280		
−80	2.8320		
−70	2.8340		
−60	2.8370		
−50	2.8383	0.2035	2.6348
−40	2.8387	0.2357	2.6030
−30	2.8387	0.2638	2.5749
−20	2.8383	0.2889	2.5494
−10	2.8366	0.3119	2.5247
0	2.8345	0.3337	2.5008
5			2.4891

续表

$T(℃)$	l_s $(10^6 \text{ J} \cdot \text{kg}^{-1})$	l_f $(10^6 \text{ J} \cdot \text{kg}^{-1})$	l_v $(10^6 \text{ J} \cdot \text{kg}^{-1})$
10			2.4774
15			2.4656
20			2.4535
25			2.4418
30			2.4300
35			2.4183
40			2.4062
45			2.3945
50			2.3893

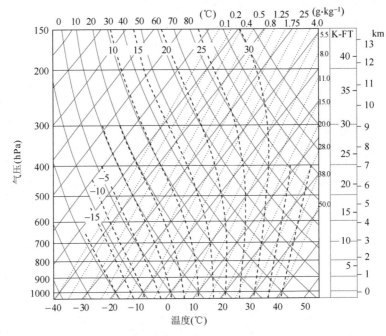

图 A.1　T-$\ln p$ 图。饱和绝热线以 θ_{wp} 表示